大自然，正是最珍貴

孩子的
自然觀察
筆記

"The Nature Connection: An Outdoor Workbook for Kids, Families, and Classrooms"

{ 超過 **100** 個自然探索提案 **x 72** 個超有趣活動，
大自然便是無窮的教材，培養<u>觀察力</u>、<u>專注力</u>、<u>表達力</u>！ }

克萊兒·沃克·萊斯利 Clare Walker Leslie ｜ 著　　洪慈敏 ｜ 譯

本書謹獻給吸引我走向戶外的自然生物。它是我四十年來探索、繪畫、寫作、教學和育兒經驗的精華呈現，至今我仍樂於和周遭人分享我對自然的熱愛。

感謝我的家人不厭其煩、樂在其中的陪伴我與自然共處；感謝這麼多年來耐心帶我到戶外和教導我自然知識的所有人；感謝充滿智慧的科學家審校我的手稿；也要感謝Storey Publishing所有員工認同我的教學理念，並肯定人與大自然接觸的重要性。致我的編輯黛博拉‧巴爾穆斯與麗莎‧海利，我要向你們表達最深的謝意，和你們共事極其榮幸，我們一起完成了嘔心瀝血的傑作！

克萊兒‧沃克‧萊斯利

Clare Walker Leslie

目錄

克萊兒給孩子們的話

開啟觀察力、表達力，
大自然正是最珍貴的老師

　　學生說過最令我感動的話，就是：「我原本以為我家的院子沒什麼東西，後來才知道那裡簡直是一片叢林！」我很喜歡教孩子有關自然的知識，因為一旦他們發現周遭環境是多奇妙的世界，就會充滿熱忱地去探索，即使他們懂得不多，或只處在校園、空地和草地。

　　我本來是一位音樂家兼畫家，剛開始研究大自然時一無所知，大部分時間都待在室內，很少出去走走。但某次遇到一些人帶我走向戶外，讓我大開眼界，看到了連綿的沙丘、展翅高飛的海鳥和沙子上的足跡，從此就迷上了大自然。就是這麼簡單，你也會像我一樣愛上。本書就是為了帶你走向戶外，跟我朋友啟發我一樣。

　　本書的所有內容都來自我自學的觀察、問題和研究。我花了無數時間在戶外畫畫和漫遊，筆記和插圖填滿了四十三本日誌，記錄每個季節的自然景觀，包括我住的地方和旅行所到之處，目前已撰寫多本有關自然觀察的書，希望藉由本書與你分享這份熱情。

為什麼要研究自然？

　　每次我問學生為什麼要研究大自然，他們都會給我很棒的答案，有的人會提出這樣的疑問：「我們沒有大自然可以過活嗎？」有時我們會忘記自己是生物大家庭的一份子，所有物種都息息相關，而且如果你環顧四周，會發現周遭的動物親戚不只有兩隻腳、四隻腳，還有

我的家園也是你的家園

八隻腳、沒有腳甚至連很多腳的都有！北美紅雀、臭鼬、蜘蛛、蜈蚣和蛇一起分享空氣、土地、流水和我們稱為「生命網」的空間。由於全球生態系統正在發生各種變化，我們越來越需要認識周遭的自然環境，才能更加了解身邊和遠方的事件。

　　「自然」（nature）這個英文字來自拉丁文的「nasci」，意思是「誕生」。很有道理，因為大自然包含世界上所有活著的生物（還有許多沒有生命的物質！）。研究自然等於是研究你周遭的世界，以及你在這個世界上的定位，你不需要對昆蟲、花朵、爬蟲類或天氣瞭若指掌才能探索附近的環境，甚至連附近有什麼東西都不知道也沒關係！

車前草

你只需要花一點點時間，用心觀察，集中注意力，並付出一些耐性。接著回去問問題、讀書、查資料和找人幫你解答「為什麼？」「怎麼做？」和「會怎麼樣？」你會發現很多人跟你一樣喜歡大自然。

老鷹在北亞當斯市區上空
追逐鴿子
2010/05/02 早上 8:30

我們永遠不知道在外面會發現什麼，
樂趣就在於發現不知道會發現的東西。

── 亨利‧大衛‧梭羅（美國哲學家）

　　研究自然的人被稱為「自然觀察家」。如果你對石頭、樹木、小鳥、螞蟻、天氣或雲朵感到好奇，有興趣了解更多，那麼你已經算是個自然觀察家了。要當一名自然觀察家，就必須集中精神、觀察入微、充滿好奇心且花時間在戶外，你可能會把身體弄濕、覺得冷、覺得累，甚至被蟲咬，但是你會很開心地投入並認識你的世界。

認識著名的自然觀察家：

* 伽利略
　17 世紀的天文學家
* 約翰‧詹姆斯‧奧杜邦
　以繪製美國鳥類圖鑑聞名
* 亨利‧大衛‧梭羅
　《湖濱散記》作者，描寫大自然的
　簡單生活
* 碧雅翠絲‧波特
　熱衷於觀察兔
　子、狐狸與老
　鼠的繪本作家

* 達爾文
　進化論提出者

* 瑞秋‧卡森
　海洋生物學家，她所著作的《寂靜
　的春天》促進了現代環境運動
* 愛德華‧威爾森
　他可能是世界上最了解螞蟻的生物
　學家
* 珍‧古德
　全世界最了解黑
　猩猩的觀察家；
　「根與芽計畫」
　發起人

* 旺加里‧馬塔伊
　「綠帶運動」發
　起人；2004 年諾貝
　爾和平獎得主

如何使用本書？

這本書讓你記錄你的家，但不是實際上的房子或公寓，而是你居住的環境，包括所有圍繞著你的大自然。經過一段時間之後，你會學到如何注意和記錄每一個季節、每一個月發生在你面前的大大小小變化。

科學家透過長期觀察來了解世界運作的方式，預測它會有什麼轉變。這叫「物候學」，而你也做得到。這本書從頭到尾都有絕妙點子，教你如何在自家陽台、社區和環境中應用物候學。

透過這本書能幫助你開啟一段最棒的探險，而且近在眼前。你可以直接在書上畫畫寫字，或是出門時帶幾張紙把你的觀察記錄下來，事後再貼到書上。去野餐、露營時也可以帶著本書，隨時跟朋友、同學、家人，甚至家裡養的天竺鼠和狗狗分享。

最重要的是，到戶外打開所有感官，盡量問問題、學習和欣賞我們周遭的奇妙世界！第一次出外探險時，可以想想看以下這句話的道理：

「大自然需要我們，我們也需要大自然。」

祝你探索愉快！

克萊兒・沃克・萊斯利

Clare Walker Leslie

第一章

來吧！一起做個自然觀察家

大自然處處是驚喜！

人類和大自然產生聯繫的方式主要取決於我們住在哪裡、處在什麼季節，以及當天有什麼樣的天氣。不管我們人在何處，季節永遠都在變化，從古到今一直是如此。即使是在戰亂國家、乾旱洪患地區或是遍布水泥高樓的城市，一年的自然循環總是在緩緩進行。

目前我們已經可以知道遙遠的世界另一端有著什麼樣的自然風光，但有時卻對自己的周遭環境一無所知。現在你有機會當一個自然觀察家、探險家和自然偵探。如果你仔細觀察並紀錄，可能就會發現到沒有人注意過的東西喔！接下來你會學到很多種研究和享受自然的方式，不管在什麼季節或天氣都可以進行。好好善用這本書來寫下或畫下你的紀錄吧（貼照片也行）。

我們有必要做一件有益健康的事，
那就是再次走進大地，凝視她的美，
感受驚奇與謙卑。

——瑞秋‧卡森（海洋生物學家）

準備你的戶外探險包

進行自然探險時，你最需要帶的東西是「好奇心」，但也要注意衣物（包括鞋子）是不是適合天氣，記得帶上點心和水壺，另外還有以下物品：

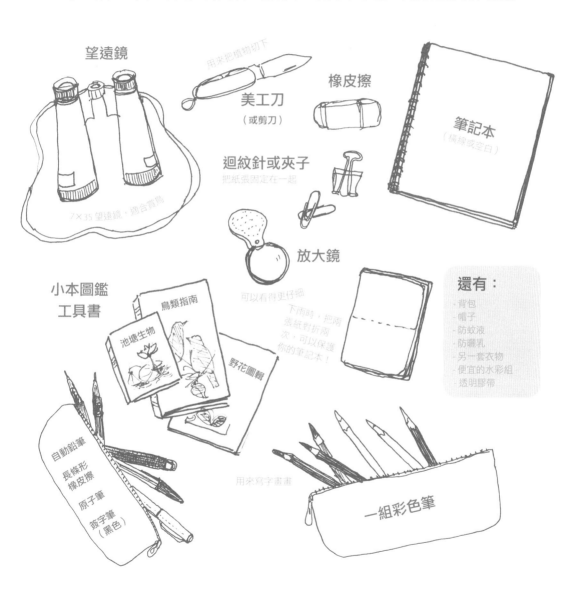

望遠鏡

用來把植物切下

美工刀
（或剪刀）

橡皮擦

筆記本
（橫線或空白）

迴紋針或夾子
把紙張固定在一起

7×35 望遠鏡，適合賞鳥

放大鏡

可以看得更仔細

下雨時，把封面對折兩次，可以保護你的筆記本！

小本圖鑑
工具書

鳥類指南

池塘生物

野花圖輯

還有：
- 背包
- 帽子
- 防蚊液
- 防曬乳
- 另一套衣物
- 便宜的水彩組
- 透明膠帶

自動鉛筆
長條形橡皮擦
原子筆
簽字筆（黑色）

用來寫字畫畫

一組彩色筆

觀察並記錄

　　世界各地的科學家正在從不同層面研究、測試和觀察地球上的氣候和環境如何變化。但是你可能不知道，還有一大部分的知識來自於很多其他人的詳細觀察，你也可以是其中一分子！

我們回來了！

三隻紅翅黑鸝
2/28
在麻州辛漢
沼澤地

3/26
在梅德福費爾斯
春天出現的第一隻蝴蝶

蛺蝶

　　為了將科學紀錄或日誌保存完整，自然觀察家會使用同一種格式，以免遺漏任何每天發生的變化。這本書從頭到尾的紀錄表都改編自我在課堂上使用的物候學表。

　　「物候學」這門學科研究的是生命週期事件發生的季節時間，如果你把植物開花、昆蟲孵化或候鳥出現在築巢地點的日期記錄下來，那就是物候學的一部分。

　　日長、氣溫和雨量等因素都會影響這些事件每年發生的日期，藉由追蹤季節變化發生的時間點，你可以看到氣候、天氣和氣溫如何改變自然的形態。

　　不同的人會以不同方式做紀錄，希望你可以透過這本書找到最喜歡的方式，用書中不同表格實驗看看，挑幾個適合的並印出來。

設定你的自然筆記格式

　　這本書從頭到尾都有不同形式的筆記範本，你可以擇一或全部使用，或是自製屬於你個人風格的形式。一條好的紀錄所包含的資訊會有時間、地點、事物和原因，也應該要附上問題、圖畫，有時甚至是你在觀察中蒐集而來的物品。不管你選擇哪一種形式，以下有幾個建議和問題：

把你看見的景象描述得越詳細越好

＊我正在看的是什麼？
＊牠／它在做什麼？
＊牠／它怎麼移動、有什麼聲音、味道甚至觸感和滋味（在適當情況下）？

想想牠／它與大自然的關係

＊這個動物／植物／岩石為什麼會在這裡？
＊附近還有什麼生物？
＊牠／它如何在這個地方生活或是如何來到這裡？

灰沙燕回來了！
飛越了池塘

思考得再遠一點

＊牠／它可以讓我學到什麼？
＊牠／它和我的世界有什麼關聯？
＊我還想了解牠／它什麼地方？

泥巴上的浣熊足跡

泥巴上的蚯蚓糞便

誰住在你旁邊？

　　列出一張你周遭區域的自然清單，列出你見過的或知道的東西，例如我知道我家附近有松鼠，只是不常看到牠們，列得越明確越好。

　　如果你不知道某種鳥類、植物或昆蟲的名字，當個小偵探去找出答案，每個季節看到的動物都會不一樣，出現在不同地方，所以記得在觀察紀錄表記下日期、時間和地點。到外面探索時，可以再繼續補上清單，你想列多長都行，隨著季節變化，會不斷地有新發現喔！

清單範例

・知更鳥	・白尾鹿	・鬱金香	・松樹
・北美紅雀	・狐狸（紅色的）	・三葉草	・鐵杉
・楓樹	・臭鼬	・一群椋鳥	・有很多橡實的橡樹
・螞蟻	・蠑螈	・蛇（銅頭蛇？）	・帝王蝶
・蚯蚓	・綠池蛙	・烏鴉	・蚊子
・瓢蟲	・溪裡的小魚	・屋頂上的鴿子	・黃蜂
・郊狼	・鷹（哪一種？）	・黑熊	
・浣熊	・蒲公英	・黑脊鷗	

更多自然探索提案

＊數一數你列出多少不同東西，和親朋好友比一比。
＊看一看你的清單和住在遠方的親朋好友寫的有什麼不同。
＊寫一份報告，或是用這份清單來玩拼字遊戲。

我周遭的自然環境

我看見了……	我看見了……	我看見了……
1.	13.	25.
2.	14.	26.
3.	15.	27.
4.	16.	28.
5.	17.	29.
6.	18.	30.
7.	19.	31.
8.	20.	32.
9.	21.	33.
10.	22.	37.
11.	23.	35.
12.	24.	36.

想印出更多張？請到 www.storey.com/thenatureconnection.php

觀察大自然一個禮拜

　　你可以跟隨偉大探險家的做法，養成寫科學日誌的習慣。如果一開始要每天寫太困難，可以先紀錄一個禮拜試試看，每天寫下一到兩個你觀察到的現象，不必寫很長，但是記得每天都不能漏掉！

範例

2 月 16 日	今天外面天氣不是很好，氣溫大約只有-1.7 度～0.6 度，溼氣很重，吹著寒冷的南風，樹枝看起來光禿禿的，希望可以打棒球的天氣趕快到來。
2 月 17 日	跟昨天差不多……
2 月 18 日	好像快要下雨或下雪，可以看到雲層在聚集，我不想出門。
2 月 19 日	可能還會再下一點雨……
2 月 20 日	天氣終於變好了！打籃球、打籃球、打籃球！耶！有鳥在唱歌，陽光很燦爛。

更多自然探索提案

*找你的家人或同學一起，拿一本筆記本，專門用來記錄自然觀察，每個人輪流記錄一個星期。看看能不能持續一個月，甚至一整年！我去過一間學校，他們把一年份的自然紀錄裝訂成一本期末報告送給父母。

我的自然觀察筆記

我的自然觀察筆記

日期	筆記

想印出更多張？請到 www.storey.com/thenatureconnection.php

大自然到處充滿驚喜！

這些短詩是日本俳句詩人松尾芭蕉的作品，絕妙的捕捉了大自然中驚喜的微小瞬間。

「辣椒莢！加上翅膀，
　　成了紅蜻蜓。」

「烏鴉飛來歇枯枝，
　　秋日已黃昏。」

不管你住在哪裡，每天都可以看見微小驚奇的自然現象。像是在等校車、跑進商店，或遛狗時，甚至連在家裡洗澡也可能驚訝地發現一隻蜘蛛！

糟了！
我怎麼會在
這裡？

12月某一個寒冷陰暗的下午，
　我坐在書桌前往窗外一望，
看到一隻松鼠跟我四目交接。

我露出微笑，牠好像也對著我微笑，
　然後搖搖尾巴，跳下了屋頂。

真好玩！我覺得精神一振。

　　大自然具有療癒作用，如果某一天你心情不好，考試不及格、和朋友吵架或是坐車時無聊到想哭，看看外頭的大自然，找個東西轉移注意力。這些意想不到的驚奇時刻不用花錢、很簡單、出乎意料，而且瞬間就發生，所以你要集中精神、全神貫注。

你可能會發現的自然驚喜

＊傍晚照射在冬日樹木上的陽光
＊冷颼颼的天氣裡，踩在雪地上
　發出的吱嘎聲

＊北美紅雀在綠葉之間一閃而
　過的身影
＊將樹葉摩擦在手指間的味道
＊一隻飛越城市街道的紅尾鵟

＊溫暖陽光照射在臉上的感覺
＊池塘升起的霧

＊從雲層中露臉的太陽
＊颱風夜刮風的聲音

＊一隻臭鼬搖搖擺擺的走過草坪
＊水池結冰的花紋
＊兩隻烏鴉看著你走進商場

享受自然驚喜

今天你發現了什麼驚喜呢？鳥類？美麗的天空？一朵花？奇形怪狀的樹？長得很特別的岩石？不尋常的聲音？

範例

4 月 12 日	晚上 6：30	回家的路上，看到滿月從河裡升起
4 月 13 日	下午 5：15	從廚房的窗戶看到粉紅色的雲層
4 月 14 日	早上 7：30	遛狗時，看到人行道上有一排螞蟻
4 月 15 日	早上 7：30	一隻知更鳥在隔壁前院的樹上唱歌
4 月 16 日	早上 7：35	一群鴿子繞成大圈圈在停車場上空飛翔
4 日 17 日	下午 1：30	雨滴落在窗戶上的聲音；刮著強勁的東北風

更多自然探索提案

* 吃晚餐時和家人分享你最喜歡的自然驚喜，然後請每個人輪流分享一個。
* 看看你是否可以每天發現一個自然驚喜，並記下一年份的清單，不管你人在哪裡。
* 和一個朋友交換自然驚喜（可以透過電子郵件或簡訊）。
* 如果你動作夠快，可以畫下或拍下你發現的自然驚喜。看看你觀察自然微小細節的功力是否隨著時間大增。像我就是！

我的自然驚喜清單

日期／時間	描述

想印出更多張？請到 www.storey.com/thenatureconnection.php

玩自然遊戲

我去散步、望向窗外或旅行時經常玩一個叫做「自然在哪裡？」的遊戲。有時候去買東西、辦事情、等紅綠燈還有做日常生活中該做的事真的無聊透頂，但這個遊戲可以轉移我的注意力。

有點類似「配對賓果」或「找一找」遊戲，可以訓練眼力，幫助你觀察入微和享受樂趣，你可以在熟悉和陌生環境裡玩這個遊戲，像是山上、高速公路、農村、海岸、郊外和城市。

這是我 11 月 20 日下午 3：00 在麻州劍橋遛狗時列出的清單：

1. 很早就天黑了；下午 4：30 之前太陽就會下山

2. 樹枝幾乎都光禿禿

3. 這天看到的顏色：褐色、深綠色、橘／黃色、灰色、淡紫色

4. 吹起寒冷的北風，但天空還是很藍

5. 下午的草坪和建築物上會出現長長的影子

6. 成群的椋鳥在楓樹高高的枝頭上吱吱喳喳，牠們在做什麼？

7. 我在草叢裡聽到一隻蟋蟀的叫聲！

8. 人行道上到處都是落下來的褐色葉子，發出沙沙的聲音

9. 別人院子裡有萬壽菊、菊花、三色菫和玫瑰正盛開著

10. 知更鳥猛吃野生酸蘋果和野櫻桃

　　找找你周遭正在發生的 10 件（或更多）自然現象，並列在這張表格，把時間、地點和天氣等細節都記錄下來。（如果你要交學校作業，可以利用這張表格寫成一篇作文、一份報告，甚至一首詩或一個短篇故事）

1.

2.

3.

4.

5.

6.

7.

8.

9.

10.

找一個你最愛的去處

我們都應該要有一個祕密基地可以獨處和想事情, 為你自己找一個可以常去的地方, 倚著一棵大樹、坐在潺潺流水旁的石頭上, 或躺在一個山坡。

這個地方不必離家很遠, 但如果你想要而且可以的話, 找個看不到建築物的去處吧。只要你有時間就可以到那裡享受和觀察戶外風光。帶一本書閱讀, 蒐集你發現到的東西, 爬樹, 畫畫或作筆記都很好。

過去三十多年來, 我最愛的去處就是奧本山墓園的一座小山谷。它位於林木蔥鬱的丘陵地帶, 擁有美麗的田園風光, 對城市人來說近在咫尺。我在那裡可以看到郊狼、狐狸、貓頭鷹、老鷹、浣熊和多種鳥類, 而且人煙稀少, 距離我家只有一哩。

自然插花創作

　　在你家附近或社區進行一場自然探險，蒐集種子、葉子、豆莢、果實、野花、羽毛、松針和其他自然的微小物品。先確認這麼做是不是被允許，有些地方像是公園是受到保護的，不可以撿走任何花草樹木，但你家院子或社區是蒐集自然的好去處。

苦甜藤

角豆莢

橡樹與珊瑚樹的葉子

這些是什麼花？

野生酸蘋果

向日葵種子

楓香種球

　　回到家之後，把蒐集來的物品擺好形狀，成為自然插花創作，放在桌子上讓家人欣賞。請他們圍繞在桌子旁，聽你介紹每一個東西是什麼、在哪裡撿到的。如果某個東西你不知道是什麼（例如樹葉），看看能不能查得出來（請見第 216 頁「自然觀察家寶庫」）。

寫一首大自然的詩

　　到戶外散步十五分鐘，途中別説話，只要觀察和傾聽，讓自己融入自然。想一想以下問題：此時此刻你的周遭正發生什麼事？天氣如何？是什麼季節？你聽見什麼聲音？哪裡傳來的？你在這裡的感覺怎麼樣？為什麼？還有什麼野生動植物住在這裡？牠們可能在做什麼？晚上待在哪裡？

**現在找個地方坐下來，
寫一首有關這個地方的短詩**

短詩範例

樹葉搖曳
陽光將天空染金
如果媽媽説可以
我想睡在這裡

如果你一動也不動地坐著，動物可能會接近你。我有一次就遇到一隻郊狼躲在樹後面偷偷看我畫畫！

其他寫作靈感

＊你為什麼喜歡到戶外？
＊你對大自然已經有什麼了解？
＊你對什麼感到好奇？你想更加了解什麼？
＊如果你可以拯救環境裡的一樣東西，會是什麼？為什麼？
＊你最喜歡到戶外做什麼活動？
＊如果你可以變成一隻動物，你想變成什麼？為什麼？

來到大自然，我覺得很開心，完全出乎我的預料！

——一名學生

說一個有關自然的故事

做筆記和填表格不是唯一記錄大自然的方式。重要的是,你要記住你在世界的定位,並思考大自然對你有什麼意義。試試這個寫作活動:

在你腦海裡,第一個讓你想起在自然中的經驗是什麼?可以是嚇人、有趣或刺激的。你當時身在何處?自己一個人還是跟朋友?那時你幾歲?

把你第一個想到的故事寫出來

_____

_____

_____

_____

_____

_____

訪問親朋好友並問他們：「你第一個在戶外的回憶是什麼？」

我還記得有一次我在積雪的森林裡健行，天快黑的時候不小心迷了路。我跟著豪豬的足跡走，結果一直在繞圈圈，後來沿著自己的雪鞋腳印往回走才找到正確的路！

四季的顏色

你有沒有發現到天空、樹木、土地和陽光的顏色會隨著月份、天氣甚至一天的時間而改變？

不同季節的天空是什麼顏色？

冬天會有不同顏色嗎？

你居住的地方哪一個月份最綠？

最藍、最橘和最褐的月份又是哪一個？

繪製四季顏色轉盤

用顏料、色筆或蠟筆把你看到的顏色塗在相對應的季節或月份，這個活動大家一起做也很好玩，你們可以圍成一圈想想各個季節會看到哪些顏色。

光是觀看四季變化
就足以讓我目不暇給。

—— 亨利・大衛・梭羅（美國哲學家）

我的四季顏色轉盤

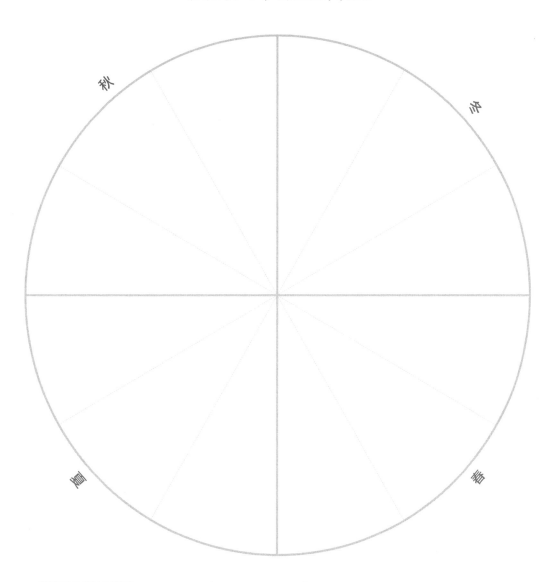

想印出更多張？請到 www.storey.com/thenatureconnection.php

觀察入微

　　我經常在看似沒有什麼自然的地方畫下小小風景畫，像是教室窗外、高速公路上，或是旅館外面。看過《威利在哪裡？》這本書嗎？你會很驚訝地發現新奇事物！

　　你可以從天空開始往下描繪，別忘了附上你注意到的聲音和味道紀錄，跟上圖一樣標示出來。想知道怎麼畫風景畫嗎？請見第 190 頁。

繪製你的風景畫

日期：　　　　　　地點：　　　　　　時間：

來一堂速寫課吧！

　　畫畫是一種觀察的重要方式。在照相機發明以前，畫畫是自然觀察家唯一能做的視覺紀錄。你的觀察能力越熟練，畫畫就會變得更容易。任何人都可以學會畫畫，但跟其他技能一樣，你需要花時間學習，而且抓到訣竅會很有幫助，以下是我在課堂上教孩子畫畫的方法。

第一步：盲畫

　　把你的鉛筆或筆放在紙上，看著你想要畫的物體，可以是一朵雲、一片葉子或一個水果。眼睛不要離開這個物體，開始畫畫，一筆到底，別看著紙張也別舉起筆！畫一分鐘就好！

我用這種方式畫出來的南瓜長這個樣子。你畫出來的東西看起來會很搞笑，我的也是！但這麼做可以訓練你的觀察力，是很重要的練習。

所有藝術家學畫畫時都會練習盲畫。

　　有些人稱之為「蟲蟲」畫法，因為筆觸線條看起來很像昆蟲蠕動爬行的樣子。

在這裡練習盲畫吧！

日期：　　　　　　　　　　地點：　　　　　　　　　　時間：

第二步：改良式盲畫

　　這一次你的眼睛可以在物體和紙張之間來回，但一樣別舉起筆。在完全畫完之前不要讓筆離開紙張，這叫做改良式盲畫。

我用這種方式畫出來的
南瓜長這個樣子。

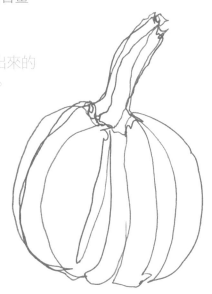

我會用改良式盲畫來
描繪移動緩慢的動物，
像是青蛙或蠑螈……

或是停在餵鳥器上的鳥

在這裡練習改良式盲畫吧！

日期： 地點： 時間：

第三步：速寫

　　現在我們來試試速寫，用幾條線畫出你所看見的基本形狀或感受，之後可以再將速寫畫成完整的作品。

我的速寫：

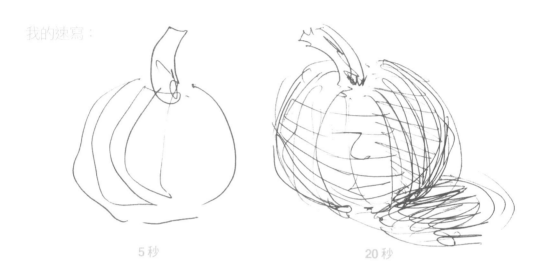

5 秒　　　　　　　　　　　　　20 秒

很多自然景物移動快速，
這個實用的練習可以讓你捕捉飛鳥或落葉。

10 秒　　　　　　　　　　　　10 秒

在這裡練習速寫吧！

日期：　　　　　　　　地點：　　　　　　　　時間：

第四步：野外素描

　　科學家到了野外通常沒有時間仔細繪圖，他們不一定能採集標本，雖然照相是個方法，但許多植物學家、地質學家、昆蟲學家和鳥類學家也會依賴野外素描來紀錄所見之物。

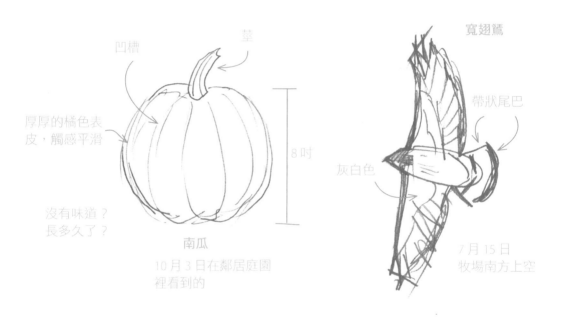

凹槽
莖
寬翅鵟
帶狀尾巴
厚厚的橘色表皮，觸感平滑
8 吋
灰白色
沒有味道？
長多久了？
南瓜
10 月 3 日在鄰居庭園裡看到的
7 月 15 日牧場南方上空

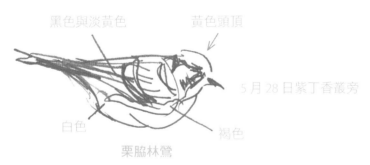

黑色與淡黃色
黃色頭頂
5 月 28 日紫丁香叢旁
白色
褐色
栗脇林鶯

（更多野外素描範例請見第 44-45 頁。）

在這裡練習野外素描吧！

小提示：

* 大小？
* 形狀？
* 顏色？
* 質地？
* 味道？
* 牠／它是什麼？
* 牠／它在哪裡？
* 牠在做什麼？

日期：　　　　　　　地點：　　　　　　　時間：

第五步：完整素描

　　要完成一幅完整素描，花上十分鐘到十小時都有可能。學畫畫需要時間和技巧，你可以找到很多其他更進一步教你如何畫畫的書，現在你只要享受樂趣、盡力而為即可，重點在於好好觀察和學習你正在畫的物體。

寬翅鵟

南瓜

栗脇林鶯

　　其他景物可以來自書籍、雜誌或你自己拍攝的照片；網路上找的圖片；農場或動物園觀察到的動物；甚至是科學博物館的展覽品。但記得隨時睜大眼睛觀察周遭事物，不管在哪裡都可以享受當一名自然偵探的樂趣！

在這裡練習完整素描吧！

日期：　　　　　　　　　地點：　　　　　　　　時間：

來一趟實地考察

是時候開啟一段尋寶之旅了！找個你家外面或附近可以坐下來的安靜地點，假裝你是隱形人，或是其中一個動植物。噓！

深入草叢底部的蜘蛛網
穿過靜得可怕的綠意盎然
以及結滿露珠的草
看見小小蜘蛛轉著圈圈
甲蟲跌跌撞撞的經過……
——南茜・丁曼・華森

靜靜觀察並傾聽幾分鐘之後，開始做筆記，想一想現在是哪個月份，找尋季節的線索。

你看見哪些顏色呢？

看一看：

* 深綠色
* 淺綠色
* 粉紅色
* 黃色
* 褐色

你聽見哪些聲音呢？

聽一聽：

* 風吹動樹梢
* 鳥鳴
* 昆蟲嗡嗡叫

季節的線索

找一找：

* 被咬過的橡實
* 快枯掉的花
* 樹上的芽
* 結冰的積水

想要印出更多張？請到 www.storey.com/thenatureconnection.php

戶外探險之旅

這是我帶四年級學生做觀察紀錄的範例。這些筆記和圖畫都是在戶外站著和四處移動時完成的。

4月16日
麻州多切斯特
馬特小學
日出時間早上 6:01
日落時間晚上 7:27

月亮

找尋春天來了的跡象：
微風涼爽
聲音：鳥
　　　車子
　　　風
　　　小朋友

早上 9:30
65 度

北
西　　東
早上 9:30　南　小朵積雲
附近的海

水上吹起東風

灰／白色
黑脊鷗

草是綠色的
雜草是褐色的

教堂旁的水仙花

被吃掉的橡實
×1

2隻松鼠在
楓樹間追逐

　　你可以看得出來我畫圖的方式又快又簡單，你也應該如此。別擔心畫得好不好，重點是要觀察入微！

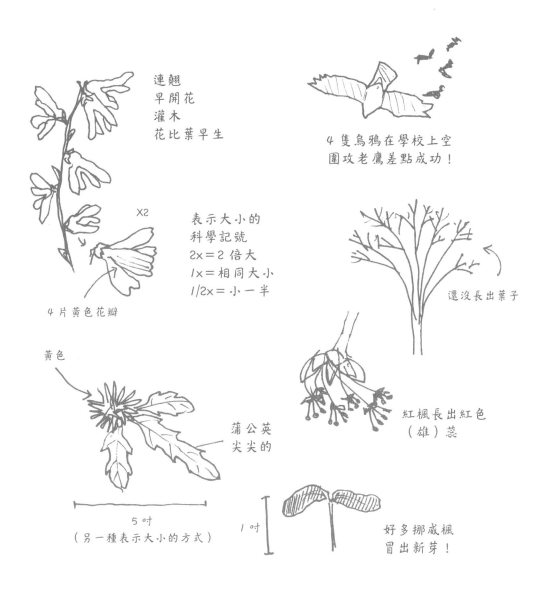

連翹
早開花
灌木
花比葉早生

4 隻烏鴉在學校上空
圍攻老鷹差點成功！

X2

表示大小的
科學記號
2x＝2 倍大
1x＝相同大小
1/2x＝小一半

4 片黃色花瓣

還沒長出葉子

黃色

紅楓長出紅色
（雄）蕊

蒲公英
尖尖的

5 吋
（另一種表示大小的方式）

1 吋

好多挪威楓
冒出新芽！

45

你的戶外探險之旅

　　你可以在任何時間、任何季節、任何天氣中和親朋好友或自己來一場戶外探險之旅。你可以準備一個裝備齊全的探險包（請見第 9 頁）或隨手拿著筆記本和筆外出（一定要有人知道你去哪裡，什麼時候回來）。

用以下幾頁做筆記和畫圖

第二章

觀察百變天空

循環與季節

天空總是千變萬化，有時晴、有時陰、有時下起雨和雪，日日夜夜不停歇。不管你身在何處，一抬頭就能望向天空。有時我到了一個大城市，或是一個不自在的環境，我會看著頭頂飄過的雲朵，想像從史前時代、偉大的探險時代、工業時代一直到現代，看到這些雲朵的人會覺得它們是什麼形狀。

要了解大自然永無止盡的循環，可以從觀察天空開始。不管人類在地球上做了什麼，或對地球做了什麼，這顆星球還是持續不斷地在軌道上繞著太陽轉。晝夜交替讓一天有二十四個小時；月亮陰晴圓缺；春夏秋冬來來去去，這些現象帶來一年當中天氣的巨大變化。雖然我們知道人類活動正在影響氣候，但大自然的基本循環依然維持不變。

早霞不出門，晚霞行千里。

——古老諺語

試試這個練習：天空寫真

畫出許多格子，不管你在哪裡，每隔幾星期或幾天在不同時間點把你看到的天空畫進去，看看光線、雲朵和顏色如何變化，記得寫下時間和日期。

在下面畫圖和做筆記

以下是我畫的：

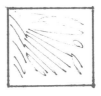

5月10日
早上8:00
晴朗藍天，走
路去學校

5月11日
下午4:00
陽光刺眼，蓬
鬆的雲，在家
外面玩

5月12日
晚上9:00
從臥室窗外看
到的滿月

5月15日
下午1:30
從教室窗外看
到在下雨

5月15日
下午4:00
多雲灰暗的天
空，沒下雨，
打籃球

抬頭望向天空！

走出門外，抬頭看看天空，看見了什麼呢？

把你看到的東西寫下來。鳥？飛機？雲？被風吹起的樹葉？

天空是什麼顏色？除了「藍色」之外，再多想幾個形容詞。

你可以根據天空的變化看出現在是什麼天氣嗎？

你感覺到風在吹嗎？面向哪一個方向會迎著風？

太陽在你的哪個方向？它的位置有多高？

更多觀察天空的點子請見：www.forspaciousskies.com

把你看到的天空畫在這裡

日期：　　　　　　　　　地點：　　　　　　　　　時間：

解讀雲朵的祕密

以前的人只要觀察天上的雲朵，就能預測未來的天氣。我認識佛蒙特州一位農夫，他會坐在玄關很長一段時間，看著雲層在他的草地上空堆疊或散開，他可以預測什麼時候會下雨，提前把乾草收進來。他還聞得出即將下雨的空氣和乾空氣的差別。你做得到嗎？

雲有三種基本型態：卷雲、積雲和層雲，卷雲細細長長的，高掛在天上；積雲看起來像巨大棉球；層雲在低空形成，層層分布並填滿大部分或全部的天空。有些雲是這幾種型態的混合（請見下一頁我畫的素描）。

更多自然探索提案

＊在圖書館或書店找一本有關天氣和雲的圖鑑，看看雲還有什麼形狀。你也可以上網搜尋有關天氣和雲的網站。

＊記錄你住的地方最常看見哪種雲，研究一下它們如何影響你周遭的天氣：雨、霧、雪、霰、晴、冰雹、颶風、龍捲風。

＊查查看鋒面通常都是從哪裡來到你的區域。

＊觀察風向以及它如何影響雲層堆積和天氣變化。

雲隱藏的線索：天氣會有什麼變化？

天氣晴朗
晴空萬里無雲代表好天氣

卷雲
高掛天際的細細雲彩，就像「馬尾」，天氣可能會變

卷積雲
覆蓋天空的小漣漪，又稱「魚鱗天」，通常代表晴天但寒冷

高積雲
飛機飛過會留下長長的凝結尾，好天氣

積雨雲
又高又蓬鬆，有時呈暗色，可能會下雨、打雷、閃電

層雲
又低又厚，布滿天空，會起霧

高層雲
一層層的高掛天空，有薄霧，會降雨

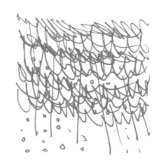

雨層雲
呈灰色，覆蓋整個天空，會下雨、下霰或下雪！

你在晚上看得見雲嗎？

天空和天氣全貌

　　天空告訴我們很多有關天氣的資訊，畢竟天氣在天空中產生，並以晴、雨、雪、風等形式呈現。有時一種天氣會維持數日不變，卻在幾個小時內突然發生劇烈變化；有時早上下雨，下午便放晴。

　　研究和預測天氣很好玩，而且一直都是人類很重要的技巧。天氣變化會影響許多人的生活，像是農夫、漁夫、建築工人和其他在戶外工作的人。你可以利用下頁的表格來觀察一整個星期的天氣變化，如果想要記錄一個月或更長的時間，多影印幾份表格即可。

研究和報導天氣的人叫做氣象學家。美國國家氣象局（www.nws.noaa.gov）或世界氣象組織（www.wmo.int）網站上有更多有關天氣的知識和資訊。

颶風是水和天空的巨大混合

我的天氣觀測紀錄表

日期	氣溫		天氣	動植物活動	我的戶外活動
	最高	最低			

想要印出更多張？請到 www.storey.com/thenatureconnection.php

製作你居住地區的天氣圖

我住在靠近大西洋的麻州東部地區，海洋帶來很多溼氣，但也讓夏天的空氣變得涼爽。這裡四季分明，夏季炎熱、冬季寒冷，下面的地圖顯示我居住的地區如何受到天氣影響。

天氣小知識

* 史上最高溫紀錄為 1922 年利比亞的華氏 136 度（攝氏 57.8 度）。

* 最低溫紀錄為 1983 年南極沃斯托克觀測站的華氏零下 128.6 度（攝氏零下 89.2 度）。

* 在 1971 年 2 月 19 日至 1972 年 2 月 18 日之間，華盛頓州的瑞尼爾山降下了厚達 102 呎（31.1 公尺）的雪。

* 世界上最重的一顆冰雹重達 2.25 磅（1 公斤），它於 1986 年落在孟加拉。

繪製你居住地區的天氣圖。你附近有林地、高山、草原、湖泊、海洋或
沙漠嗎？你居住的地區如何影響天氣？

為什麼天空是藍色的？

太陽照射出來的光線由彩虹的所有顏色構成。我們看見的通常是這些顏色混合在一起形成的白光，但如果你拿著稜鏡對著陽光，光線就會分成不同顏色。

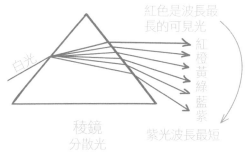

紅色是波長最長的可見光

白光

紅橙黃綠藍紫

稜鏡
分散光

紫光波長最短

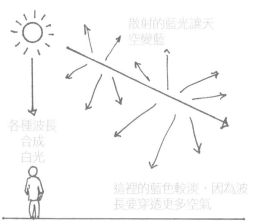

散射的藍光讓天空變藍

各種波長
合成
白光

這裡的藍色較淡，因為波長要穿透更多空氣

大部分的顏色以不同波長直接穿透大氣層（圍繞著地球的氣體）。藍光的波長較短，遇到塵埃和氣體粒子會散開。由於藍光往四面八方散射，而非呈一直線前進，所以天空看起來才會是藍色的。

為什麼夜晚的天空是黑色的？

晚上沒有來自太陽的光線射入你的眼睛，沒有了陽光便呈現黑色。不過，還是有一些來自月亮（反射太陽光）、星星（它們本身是極遙遠的太陽，自己會發光）和行星（也是反射太陽光）的光芒。

在下雨、多雲和起霧的天氣，你當然不會看到天空這些光芒。但通常即使是在城市裡，你還是可以發現月亮、幾顆星星和一兩個行星的蹤跡（更多有關月亮的知識請見第 72-79 頁；有關星星的知識請見第 82-85 頁）。

為什麼日出和日落時天空是紅色的？

　　早晨和傍晚由於太陽的位置低，光透過大氣射入眼睛的路徑較長，因此紅光、橘光和黃光遇到汙染物、塵埃和水滴會散射。顏色的強度和種類會依大氣中的水氣等微粒而變化。隨著太陽升起，顏色穿透大氣的路徑變短，直射光就會呈現白色。

　　日落時分，少數綠色和藍色顯現，留下紅色和黃色。等到太陽下山後，天空會變成越來越暗的藍色，因為現在你只能看到一點點散射的藍色波長，而紅色、橘色和黃色已經消失。

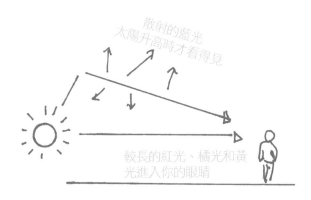

散射的藍光
太陽升高時才看得見

較長的紅光、橘光和黃光進入你的眼睛

為什麼會看見彩虹？

如果你位於太陽和天空降下的雨水之間（而且雨可能繼續在下），每一滴水珠會像稜鏡一樣把光折射到你的眼睛，讓你看見分成不同色層的光。太陽的位置一移動，彩虹也會消失。

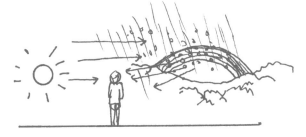

59

太陽如何在天空中「移動」？

在白天，太陽看起來就像是在天空中移動一樣。它在早上九點、下午三點和晚上六點的位置都不同，對吧？但其實太陽並沒有在動！動的是我們的地球，它一點一點在巨大的橢圓形軌道上繞著太陽運行。

地球繞著太陽公轉時，也繞著自己的軸自轉，轉完一周為二十四小時。地球上的不同區域會面向或背對太陽，造成日夜差異。更複雜的是，地球的自轉軸傾斜了二十三·五度，因此才有四季變化。

你有沒有發現太陽會以某種角度落下？你覺得呢？找個垂直的杜子、樹木或窗格。對準正在落下的太陽來觀察。

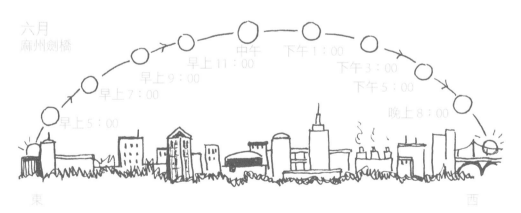

六月
麻州劍橋

早上 5：00
早上 7：00
早上 9：00
早上 11：00
中午
下午 1：00
下午 3：00
下午 5：00
晚上 8：00

東　　　　　　　　　　　　西

地球繞太陽一周為 365 天或　年

四季如何產生？

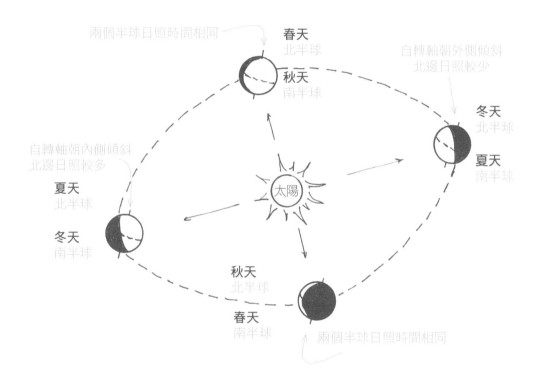

太陽小知識

* 太陽其實是恆星，一顆不斷燃燒氣體的巨球，距離我們約 9300 萬
  哩。如果太陽是中空的，可以裝進超過 100 萬個地球！

* 太陽表面的溫度是攝氏 6000 度！

* 太陽會定期噴發出巨大能量，稱為「太陽閃焰」，它可以強烈到干擾
  衛星。太陽閃焰會和地球的磁場互動，產生所謂的極光，絢麗奪目。

日出與日落

你知道每一天日出日落的時間具有些微差異嗎？而且每個地方的時間也不同。把你住的地方每天日出日落的時間記錄下來，維持一個月。你可以從網路、報紙或農民曆上得知確切時間。注意這個月當中每天日照長短的變化（你也可以和住在遠方的朋友一起記錄一年，然後比較看看結果）。

北極圈內的生活

某年的六月我在北極圈內露營了一段時間。整整24小時天都是亮的！在這麼北的地方，從五月上旬一直到七月下旬，太陽都在地平線上繞圈圈，永遠不會下山。

北極夏天
永晝
五月至七月

你覺得冬天會是什麼情況？

猜對了，天永遠是黑的，
因為太陽一直在地平線下繞圈圈。

北極冬天
永夜
十一月至二月

追蹤日照時間

日期	日出時間	日落時間	日照時數	與昨日差異

想要印出更多張？請到 www.storey.com/thenatureconnection.php

敬拜太陽

天神

古代人相信宙斯、魯格或索爾等神祇掌管天空，因此向祂們祈禱並獻上禮物、祭品，希望能藉此影響天上的自然現象。

　　想像你是遠古時代的人，那個時候還不會用油和電來產生光和熱。每當太陽升起的時間變晚，落下的時間變早，黑暗又寒冷的時間越來越長，你可能會很驚恐。你擔心家人和寵物熬不過漫長的冬天，所以向太陽神祈禱，並點火請求祂們回來。

　　等到太陽重新出現，帶來一整個季節的光明，你會慶祝並感謝。雖然現在我們在冬天也有光和熱，但現代人還是很樂於看到白天變長、春天到來、烈日再度高掛天際，帶來光明和健康。

許多古文明打造石碑或其他標記來「捕捉」一天的第一道曙光。這種一年四季跟隨太陽軌跡的儀式形成了早期的曆法。上圖是位在英格蘭的巨石陣，於五千至三千五百年前建造，用來敬拜夏至升起的太陽。

把你在每個季節所做的自然活動填寫在下圖。你喜歡滑雪橇還是在冰上釣魚？騎車還是健行？從事體育運動還是坐在樹下？游泳還是野餐？

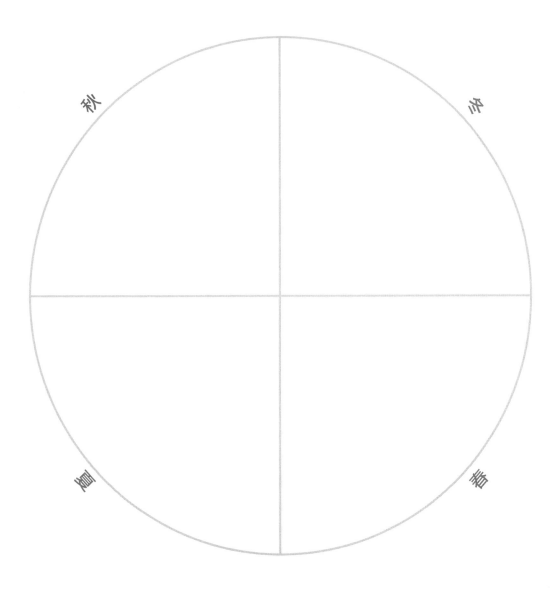

玩影子，樂趣多

　　一個物體擋住陽光時會出現影子。到外面走一走，看看太陽在天空中的哪個位置。找幾個物體，像是樹木、圍牆、汽車，注意它們的影子落在哪裡。記下時間和太陽的位置。

我會帶著孩子在校園進行這個好玩的練習：
背對太陽，像這樣把你的影子畫下來。

　　你會注意到當太陽的位置低，

　　影子會拉長。影子什麼時候會變短呢？

　　畫完影子後記得寫下日期和時間，

　　看看它們隨著季節變化有什麼改變。

影子遊戲

還記得弄丟影子的彼得潘嗎？你的影子在哪裡會變不見？以下是幾個可以在晴天玩的影子遊戲。

* 和朋友一起玩踩影子，影子被踩到的人就換他當鬼！

* 用你的手和身體製造出好笑的影子。看看能不能擺出動物的樣子。

* 如果你靠近水邊，觀察你在水面上的倒影。它和影子有哪裡相似？你能在池塘或溪流底部看見影子嗎？

用這一頁畫出或說出一個有關影子的故事

你看得出來以下這些影子是在哪個季節、什麼時間被畫下來的嗎？

1.

西南

2.

東

3.

西北

日期：　　　　　　　地點：　　　　　　　時間：

你喜歡夜晚嗎？

　　你怕黑嗎？很多人怕。怎麼樣可以比較不怕呢？其中一個好方法是跟朋友走到戶外安全的地方，專心傾聽、觀察並放鬆。等你覺得比較自在了，再四處走走（蒙眼走路也很好玩）。把你的感想寫下來。

我在黃昏時跟一個朋友去散步。
我很確定有動物在看著我們，
但我們看不見牠們。
動物的夜視能力
是不是比人類好？
你覺得我的狗知道
這些動物在這裡嗎？

　　我們很多人住在到處都是燈光的地方，幾乎不會注意到日夜更替的變化。世界各地使用化石燃料的量增加，因為人口越來越多，用電需求也越來越高。但還是有很多地方在太陽下山後就變得一片漆黑，到網路上搜尋地球夜晚空照圖，你一定會眼睛為之一亮！

把你對夜晚的感想寫下來

晚上到戶外走走之後，把你的體驗畫在這裡。用註解記下你聽到的聲音
和聞到的味道

日期：　　　　　　　地點：　　　　　　　時間：

夜晚的動物

　　許多動物在白天和夜晚都會出來趴趴走，然後在中間小睡一下。你養的狗和貓可能就是如此，跟老鼠、兔子、鹿、狐狸、麋鹿和熊一樣。

　　有些動物為「晝行性動物」，白天活動、晚上睡覺，像是松鼠、土撥鼠、蛇、蜥蜴和大部分鳥類。喜歡在晚上出沒的則稱為「夜行性動物」，包括臭鼬、浣熊、蝙蝠、貓頭鷹、夜鷹和山貓。

這些是我居住地區附近會在晚上出沒的動物。

蝙蝠抓小飛蟲吃

豪豬啃咬我們的蘋果樹皮

老鼠吵得我們睡不著

鹿吃掉下來的蘋果

蟋蟀嘰嘰喳喳的叫

　　有些植物也是屬於夜行性，它們會在傳粉昆蟲於夜晚飛行時開花。多數夜行性植物的花為白色或淺色，能反射月光；其中不少還擁有強烈的花香以吸引傳粉昆蟲。

　　你的周遭有哪些夜行性動物？你可能不常看到牠們，但會看到牠們留下的痕跡，像是浣熊有時會翻倒垃圾桶，臭鼬會在草叢裡挖掘蛆。

橫斑林鴞
咕咕叫&狩獵

把你周遭夜行性動物的照片貼在這裡或畫下來

日期：　　　　　　　　　　地點：　　　　　　　　　　時間：

為什麼月亮的形狀會改變？

　　人類自古以來一直在觀察月亮圓缺。每次滿月時你在月亮表面上看到的圖案，跟幾百萬年前一模一樣。這是因為月亮總是以同一面對著地球。

　　雖然月亮的形狀好像每天晚上都會改變，但它的球面和地球一樣，總是有一半被太陽照亮；形狀會改變是因為它繞著地球公轉，而我們只會看到月亮表面反射太陽光的部分。

　　月亮繞完地球一周為二十九天（請見下頁圖表）。幾百年來，人們就這樣一直看著月亮從缺到圓，再從圓到缺的神奇循環。

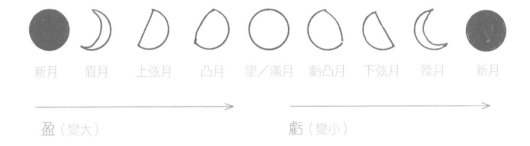

| 新月 | 眉月 | 上弦月 | 凸月 | 望／滿月 | 虧凸月 | 下弦月 | 殘月 | 新月 |

盈（變大）　　　　　　　　　　　　　　虧（變小）

　　英文字「lunatic」（通常簡寫為「loony」）源自拉丁文「lunaticus」，意思指「神經錯亂」。以前的人相信滿月會使人發狂！

月相

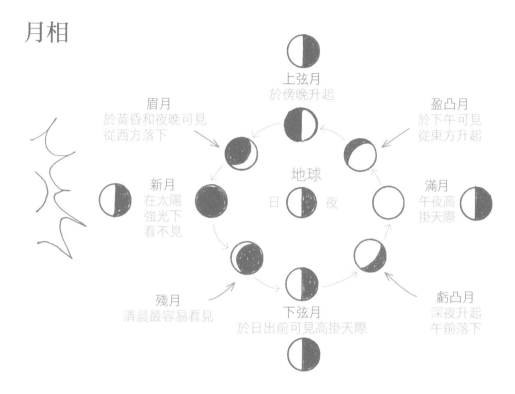

上弦月
於傍晚升起

眉月
於黃昏和夜晚可見
從西方落下

盈凸月
於下午可見
從東方升起

新月
在太陽
強光下
看不見

地球
日　夜

滿月
午夜高
掛天際

殘月
清晨最容易看見

下弦月
於日出前可見高掛天際

虧凸月
深夜升起
午前落下

更多自然探索提案

*搜尋不同文化有關月亮的故事或神話。在希臘神話中，太陽神阿波羅和雙
胞胎妹妹月神阿緹蜜絲是至高無上的天神宙斯的兒女。

*滿月時，你會聽到動物的叫聲嗎？在佛蒙特州的鄉下，我們會聽到郊狼嚎
叫和橫斑林鴞咕咕叫的聲音。

*畫一幅月亮圖。

*寫一首有關月亮的詩。

*有些文化和宗教仍然使用十三個月的陰曆，而非十二個月的陽曆。你可以
找到更多資訊嗎？

我的月亮日誌

　　找出你所在地區目前的月相，記錄月出月落的時間。你可以使用線上資源或年曆，在接下來七天把這些時間寫下來。

　　月亮升起後，如果天空晴朗，時間也不會太晚，那就趕快走到戶外進行觀測。記得白天和夜晚的天空都要注意，因為月出月落有時會發生在白天。

日期與時間	月相	月出時間	月落時間	觀測地點
11 月 10 日 下午 5：30		早上 9：14	晚上 6：19	在學校操場上空從西方落下
11 月 15 日 下午 4：15		下午 12：05	晚上 11：31	當我走在麻州大道時從東南方升起

月亮小知識

＊ 月亮表面其實呈各種灰色，但因為反射了陽光所以看起來是白色。

＊ 月亮以每小時 2000 哩的速度繞著地球公轉，繞完一周要花上 29 天。

＊ 科學家對於月球的起源有好幾種理論。其中一個是一顆巨大流星撞擊了地球，一塊碎片掉入地球軌道，形成月球。找找看還有其他哪些理論。

月亮日誌

日期與時間	月相	月出時間	月落時間	觀測地點

想要印出更多張？請到 www.storey.com/thenatureconnection.php

為月亮命名

有些美洲原住民部落會替每個滿月命名，反映出當季發生在他們生活周遭的事。以下是新英格蘭北部的阿岡昆部落所取的名字：

＊狼月或飢餓月（一月）　　　　＊雷月或玉米月（八月）
＊雪月（二月）　　　　　　　　＊玉米月或收穫月（九月）
＊蟲月或採楓漿月（三月）　　　＊玉米月或狩獵月（十月）
＊草月或蟲月（四月）　　　　　＊收穫月或河狸月（十一月）
＊魚月或花盛開月（五月）　　　＊河狸月、長夜月或冷月（十二月）
＊熱月或花月（六月）
＊草莓月或乾草月（七月）

你覺得阿岡昆部落為什麼要使用這些名字？你看得出他們過著什麼樣的生活嗎？查查這個部落或其他你有興趣的部落資料，看看有什麼發現。

閱讀喬瑟夫‧布魯夏克（Joseph Bruchac）的書可以學到很多有關美洲原住民文化的知識。我特別喜歡《烏龜背上的十三個月亮》（The Thirteen Moons on Turtle's Back）。你也可以閱讀佩妮‧波洛克（Penny Pollock）所著的《月圓時分》（When the Moon is Full），還有我寫的《全年自然風光》（Nature All Year Long）。

根據你家或學校附近發生的事來為每個滿月命名是一件很好玩的事。我列出的第一個月會是「新年月」、「冷月」、「泥巴月」等等。

把你取的名字寫下來

一月：_____

二月：_____

三月：_____

四月：_____

> 每個月只會出現一次滿月，但在某些年份會出現 13 次滿月，因為有兩次發生在同一個月份，稱為藍月。英文俚語「藍月出現」（once in a blue moon）代表的意思就是難得一見。

五月：_____

六月：_____

七月：_____

八月：_____

九月：_____

十月：_____

十一月：_____

十二月：_____

日食和月食：發生了什麼事？

　　你有沒有看過月食？如果你不知道發生了什麼事，可能會感到害怕。「食」的意思就是「躲藏」，月亮看起來就好像躲起來了一樣。在晴朗無雲的夜晚，你可以看見地球的影子在月球繞著地球公轉時很快的掠過月球（大概三至四小時）。樣子有點毛骨悚然，因為月亮通常會變成深紅血色。這是地球大氣層微粒所造成的。

　　古代人看到這個不尋常的現象，便把它當作是榮耀或不幸即將降臨的徵兆。現在我們了解了它的原理，但還是會覺得很神奇。

　　我記得二〇〇四年紅襪隊和紅雀隊在聖路易斯爭奪美國職棒世界大賽總冠軍時，剛好發生了月食。比賽還在進行，運動台卻一直播月亮變色的畫面。最後紅襪隊贏得冠軍，真是個有趣的夜晚！

你不必戴護目裝備便可觀測月食，但日食由於光線強烈，不可直視。到 http://eclipse.gsfc.nasa.gov 可以學到更多有關日月食的知識，包括下一次日月食的預估時間。

晚上 11：00
月全食

晚上 10：25

晚上 10：00

晚上 9：40

10 月 27 日
滿月
高掛東南方的
天空

晚上 9：15

晚上 9：00

月食（晚上）

　　一定要滿月才看得到月食。它只有在地球剛好位於太陽和月球中間才會
發生，這時地球擋住了所有太陽光。

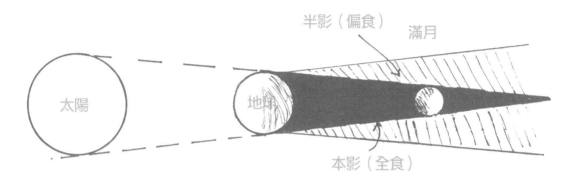

日食（白天）

　　日食發生時，月亮位於地球和太陽之間，擋住照射到地球的太陽光。

　　比較常見的日偏食（半影）發生時，光線會變得異常陰暗。空氣變涼，
鳥兒停止鳴叫，靜下來休息，像是在夜晚一樣；日全食（本影）發生時，即
使是大白天的都有可能變得黑漆漆一片。順帶一提，「本影」（umbra）的意
思是「陰影或影子」。像是雨傘（umbrella）就是一小塊陰影！

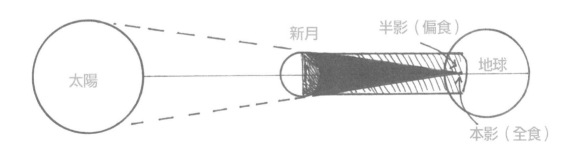

高潮與低潮

　　你如果住在海邊，或是曾經去過海邊和潮沼，你可能會注意到漲潮和退潮時水位會改變。潮汐在世界各地以不同速度和深度發生，甚至在巨大的淡水水體也一樣。有些古代人認為大海底部有洞讓水流進流出，或是有大怪獸每天把水吸光。

　　潮汐發生的真正原因其實在天上：月球和太陽控制了潮汐循環。它們兩者和地球之間的強烈引力影響漲潮、退潮時間和潮汐高低。

太陽拉力比不上
月球拉力

太陽

地球上的水（大部分是
海洋，但巨大的淡水
水體也會受到影響）

地球

月球
拉力

月球

什麼是小潮？

小潮是潮差最小的潮汐，發生在上下弦月。
此時太陽和月球從地球看過去呈直角，抵銷
了引力。

什麼是大潮？

　　大潮和季節沒有關係，但發生在朔望。此時太陽、月球和地球呈一直線，太陽和月球的拉力加在一起。

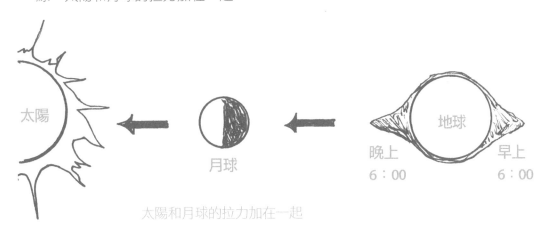

太陽和月球的拉力加在一起

潮汐小知識

＊ 巴拿馬運河太平洋端的潮差為 12 至 16 呎，大西洋端則只有一至二呎。

＊ 加拿大新斯科細亞省和紐布朗斯維克省間的芬迪灣擁有高達 50 呎的潮汐。

＊ 極近地大潮（proxigean spring）是一種異常高的潮汐，發生在月球相當靠近地球且月相為朔的時候，大約每 18 個月才會發生一次。

＊ 高潮，特別是在暴風來臨時，可能會造成海邊和道路淹水，甚至沖走靠近水邊的房屋。

＊ 更多有關潮汐的知識可以上美國國家海洋和大氣管理局網站（www.oceanservice.noaa.gov）查詢。

一起去觀星

　　夜晚有它特別的迷人之處，只是我們平常在室內不會發現。走到戶外看看吧！你可以站在你家的車道、玄關、人行道，或去附近的空地和公園，找個最暗的地方，然後抬頭往上望。你看見了什麼？月亮？有星星嗎？還是行星？銀河？

　　你也可能會看見飛機、緩慢移動的衛星或是火星和金星，如果你知道該往哪個方向看。你說不定還會看到彗星或流星。在燈光明亮的夜晚比較不容易看到這些星星。但即使是在城市裡，你還是可以找到獵戶座、北斗七星、金星、火星和木星。

銀河是我們的太陽和太陽系所在的一個星系。它由數十億顆恆星組成，像一條長長的圍巾掛在天空。利用圖鑑或和星圖找出你所在的地方每個季節和月份有什麼星星。別忘了帶手電筒，這樣你才可以看星圖！

　　你知道什麼是占星術嗎？占星家利用行星和恆星的位置來解釋和預測命運。聖經當中的智者跟隨一顆巨大星星往西來到伯利恆，他們可能就是占星家。現在我們認為他們當時看到的是火星、木星和土星異常靠近所形成的星群。

更多自然探索提案

* 閱讀《觀星黃金指南》（The Golden Guide to STARS）學習更多有關星星和星座的知識，或是去一趟天文台，看看這個季節的夜空是什麼模樣。www.darksky.org 網站能提供你一些建議。你也可以到附近書店找一本好的星圖。或是搜尋台灣的「中央氣象局」或關鍵字「觀星」查詢所需知識。

* 找找看你附近有沒有當地的觀星團體。許多業餘天文學家會舉辦公開的觀星活動。

* 你可以利用星星來找到回家的路嗎？過去幾百年來，水手、獵人、旅人和登山客在沒有指南針或甚至地圖的情況下（更不用說是 GPS），會利用星星的位置來找路。加拿大巴芬島的伊努特人在沒有日光的漫長冬月裡會看著月亮和星星來打獵。

* 使用星圖或觀星指南來幫助你找到行星、星座和銀河在每個季節和時間的位置。

給未來天文學家的問題

　* 什麼是極光？

　* 恆星和行星有什麼不同？

　* 彗星和流星有什麼不同？

星座知多少？

　　好幾千年以前，人們為了要讓令人困惑又恐懼的宇宙有個可以解釋得通的道理，便為天上特定的星群編了故事，那就是星座。大部分的星座，像是獵戶座、飛馬座和仙后座都來自希臘、羅馬與埃及神話。我們現在看到的這些「天上的形狀」，跟古代觀星者看到的一模一樣。

　　由於地球每天自轉，所以一個晚上可以看到的星座會呈現弧形散布在天空。在一年當中，季節性的星座會隨著地球自轉軸和太陽的夾角改變而在夜空中逐漸升起和落下。這也是季節變化的原因。

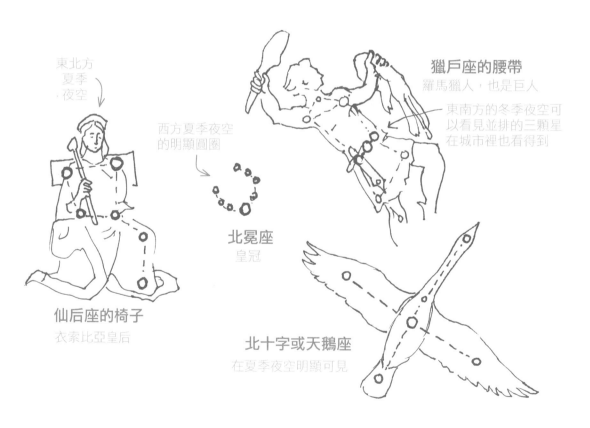

東北方
夏季
夜空

西方夏季夜空
的明顯圓圈

獵戶座的腰帶
羅馬獵人，也是巨人

東南方的冬季夜空可
以看見並排的三顆星
在城市裡也看得到

北冕座
皇冠

仙后座的椅子
衣索比亞皇后

北十字或天鵝座
在夏季夜空明顯可見

找三個你看得見的星座，把它們畫在這裡，有必要時可以對照星圖。記下它們出現在天空的方位和你觀測的時間

南半球有不一樣的星象和星座。

日期： 地點： 時間：

寫一首天空之詩

　　我們每天花太多時間在室內，特別是夜晚。一天二十四小時當中，夜晚和白天一樣重要！寫一首有關天空的詩，例如描述你臥室窗外看出去的樣子，或是你在社區附近走動、打籃球、躺在自家院子時看到的景象。一首詩可以短到只有一句，或是長到天荒地老，不押韻也沒關係，像這樣：

　　　　藍天，一直都在。　　　　　　　　　　雪。雪。雪。雪！
　　　　療癒了我的心。　　　　　　　　　　可不可以不要再下雪了？

11 月 15 日
紐澤西州帕拉姆斯

　　有一次我去了離我家很遠的一個城鎮教了一整天的課，結束後寫了一首詩。我回到旅館想睡個覺，但在那之前望向了窗外。當時是十一月某一天的下午四點四十分，在西方的建築物和繁忙高速公路後方，我看到了令人驚豔的日落，遠遠低垂在西南方的天空，我用速寫和詩來記錄這一刻。

　　　　　疲累離我遠去。
　　　　橘、紅、土耳其藍交錯搖曳，
　　　　　飛越來往車流的上空。
　　　我一直站到天黑，眼睛都沒離開過。
　　　　　在旅館的七樓，
　　　這幅可遇不可求的美景讓我驚嘆不已。

在這裡寫下你的天空之詩（或是你想寫故事也行），並在下面附上插圖。你可以註明冷熱溫度；下雨、霰或雪；暗或亮

日期：　　　　　　　地點：　　　　　　　時間：

探索大自然，天天玩中學

每月指南

自然觀察家在一年四季不管任何天氣，都會走到戶外研究這個世界，只要打開五官，你一定可以在大自然找到新鮮事物和景象。第三章以月份區分，提供你大量的自然活動、挑戰和學習建議，多數活動都能在任何一個月進行，你想跳著做也可以！

你會找到很多記錄觀察結果的方式，本書使用了各式各樣的物候學範例表格，物候學這門學問研究的是生命週期事件發生的季節時間。如果把植物開花、昆蟲孵化或候鳥出現在築巢地點的日期記錄下來，那便是在研究物候學。日長、氣溫和雨量等因素都會影響這些事件每年發生的日期，藉由追蹤季節變化發生的時間點，可以觀察到自然形態如何改變。

你知道世界各地的科學家正在從許多層面研究、測試和觀察地球上的氣候和環境如何變化。但你可能不知道還有一大部分的知識來自於很多其他人的詳細觀察，你也可以是其中一份子！

以下是建立自然觀察筆記的方式之一。我一開始會問：「發生了什麼事？」然後邊走邊畫，把我的觀察記錄下來，花多久都沒關係。你可以根據你的年齡、興趣和時間調整，或是創造屬於你自己的做法！

嗡嗡嗡～ 忙碌 小蜜蜂！

x1 星花木蘭

小小螞蟻 和飛蠅到來

萊姆綠色的 花快開了

x1 挪威楓

灰沙燕回來了！ 飛越了池塘

餵鳥器上的 燈草鵐，很 快要飛往北方

4 月 19 日
奧本山墓園
麻州劍橋
晴天將近華氏 60 度
春天真的來了！
日出＝清晨 5:56
日落＝晚上 7:31
現在有 13.5 個小時的日照

月亮

聽見的聲音～
春天吵雜的嗡嗡聲
知更鳥慢慢的咯咯
笑
飛機
交通
麻雀

x1
泥巴上的蚯蚓糞便

x 3/4
泥巴上的浣熊足跡

吱吱喳喳
九官鳥
大聲鳴叫

一月
度過嚴冬

你知道幫月份命名的人是西元前一世紀的羅馬凱薩大帝嗎？我們至今仍使用的這個曆法，是根據太陽週期而訂定，並加上閏年的設計。有的文化使用陰曆，以月亮週期來計算；有的則依循乾雨季變化和種植與豐收作物的季節。

一月（January）的名稱來自傑納斯（Janus），祂是羅馬的門神、起始之神，以及日出日落之神。傑納斯被描寫為一個雙面神，很適合這個回顧過去、展望未來的月份。

查查十二月和一月的天文年曆或日出日落表。你會發現從十二月初開始，每天日落的時間越來越晚，白天一分一秒慢慢變長。冬至過後，日出日落都為一月帶來更明亮的面貌。

跟隨大自然的步調：
她的祕訣就是耐心。

——拉爾夫·沃爾多·愛默生

我的自然觀察筆記

日期：	時間：
地點：	氣溫：
天氣如何？	
月相：	日出時間：
	日落時間：

望向窗外或走到戶外，把你的觀察速記下來、畫圖或描述一個景象。

想要印出更多張？請到 www.storey.com/thenatureconnection.php

自然大蒐祕

　　每個月的一開始先來好好觀察四周，出去散散步，尋找新事物，運用你的所有感官搜尋季節線索！挑幾個不同的日子，看看你的答案會不會改變。

你能不能找到⋯⋯　　　　　　形容你注意到的景象

☐ 正在釣魚的人

☐ 燒柴的味道

☐ 啃食樹皮的鹿

你還能找到什麼？

☐

☐

☐

☐

☐

☐

☐

☐

☐

本月美景

從你的清單上選出一到兩項（或更多！）畫下來或貼上照片

日期：　　　　　　　　　　地點：　　　　　　　　　　時間：

溫血動物的冬日生存戰

　　動物會用許多不同方式在冬天保暖及覓食，溫血動物（或稱內溫動物、恆溫動物），也就是哺乳類和鳥類，藉由將食物轉換成能量來調節體溫。在寒冷的天氣中，牠們必須保持活動來禦寒、盡量覓食，並尋找能夠躲避惡劣天氣的住所。

哺乳類
長出更厚的毛皮
許多哺乳類會將身體變成雪的顏色

在冬天會長出白色的耳羽來保護耳背

白色毛髮是中空的，可以包裹住溫暖空氣，很聰明吧？

我們知道！

「冬眠」是怎麼一回事呢？

　　只有幾種動物會真的冬眠，牠們的呼吸、心跳、體溫和新陳代謝都會大幅降低。這些動物體內的生理時鐘會告訴牠們何時該準備過冬、何時又該起床。牠們會熟睡到怎麼叫也叫不醒。

　　在這種假死狀態下，動物消耗能量的速度變得非常慢。這些能量的來源是牠們在夏秋兩季所累積的厚厚一層脂肪。

　　真正會冬眠的動物包括小型棕蝙蝠、土撥鼠、大部分的地松鼠和一些其他小型囓齒類。熊、花栗鼠、臭鼬、浣熊、負鼠等等則被稱為深眠而非冬眠

動物。牠們的確也會花很多時間熟睡，但在較暖和的日子會醒來覓食，有些還會存糧呢。隨著全球氣候變遷，科學家正在觀察真正的冬眠動物，看牠們是否會提早從冬天的巢穴中甦醒過來。

正在冬眠的
地松鼠

我們的鳥類朋友

　　我們走出戶外時，即使是寒冷的冬日，還是會看到許多不同種類的鳥兒在樹梢附近飛翔、停在電線上或是走過草皮和操場。這些鳥兒可以活過冬天是因為牠們吃各種灌木和藤蔓的種子和果實、昆蟲、板油、人給的飼料，甚至垃圾場的垃圾。牠們保暖的方式是住在可以抵禦寒風的地方，並鼓起羽毛將暖空氣留在皮膚上。

像睡袋一樣，鳥類擁有一層層的羽毛讓牠們保持乾燥暖和

牠們會鼓起羽毛製造空間來保留暖空氣

鳥類在冬天會吃高能量食物，像是堅果和果實

紅色羽毛下方是灰色羽毛，比較好吸熱

爪子上的血液經過調節，所以不會凍壞

北美紅雀

作者卡門‧阿格拉‧狄迪（Carmen Agra Deedy）寫了一本有關保暖的有趣童書《阿嘉莎的羽毛床》（Agatha's Feather Bed: Not Just Another Wild Goose Story），即使是大一點的孩子都會讀得很開心。

95

冷血動物的冬日生存戰

　　魚類、爬蟲類、兩棲類、蜘蛛和昆蟲都是冷血動物（或稱外溫動物、變溫動物）。牠們無法調節體溫，所以體溫接近周遭的氣溫。如果牠們在夏天體溫過高，會躲在陰暗的角落和縫隙；寒冷的早晨則需要出來曬曬太陽。

　　冷血動物到了冬天必須躲在安全的地點，進入不活動的狀態。此時牠們的體溫會大幅下降到接近零度，呼吸也會變得極為緩慢。有些青蛙和昆蟲會真的凍結，但身體會產生一種稱為「甘油」的物質來防凍，活細胞就不會損壞（是不是很聰明呢？）。

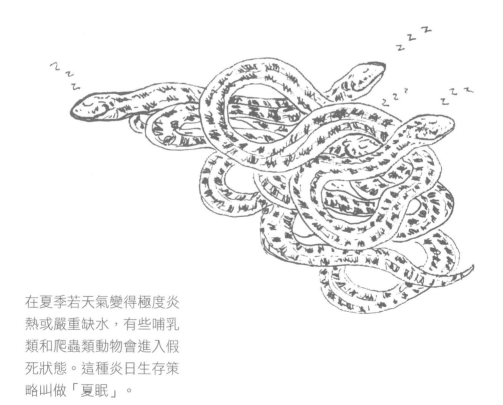

在夏季若天氣變得極度炎熱或嚴重缺水，有些哺乳類和爬蟲類動物會進入假死狀態。這種炎日生存策略叫做「夏眠」。

　　許多昆蟲像是蟋蟀、蜻蜓、蚊子和蛾無法在惡劣天氣中生存。牠們死前會將蟲卵或幼蟲留在安全的地方，等待春天孵化。其他昆蟲像是蒼蠅、瓢蟲和大蚊的成蟲則會過冬，牠們躲在樹幹裂縫、捲在樹葉裡，或甚至房屋和其他建築物。

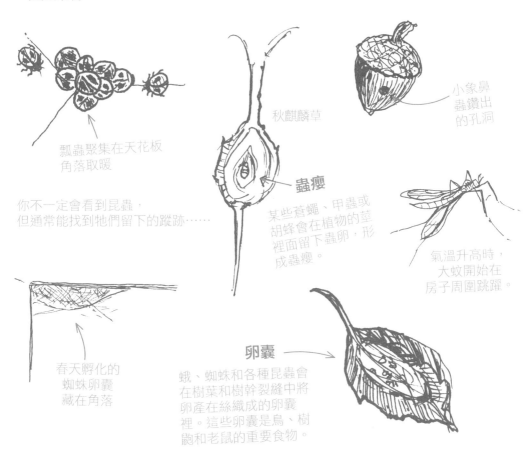

瓢蟲聚集在天花板
角落取暖

你不一定會看到昆蟲，
但通常能找到牠們留下的蹤跡……

秋麒麟草

蟲癭

某些蒼蠅、甲蟲或
胡蜂會在植物的莖
裡面留下蟲卵，形
成蟲癭。

小象鼻
蟲鑽出
的孔洞

氣溫升高時，
大蚊開始在
房子周圍跳躍。

春天孵化的
蜘蛛卵囊
藏在角落

卵囊

蛾、蜘蛛和各種昆蟲會
在樹葉和樹幹裂縫中將
卵產在絲織成的卵囊
裡。這些卵囊是鳥、樹
鼩和老鼠的重要食物。

帝王蝶是少數會遷徙的昆蟲之一，牠們以脆弱的翅膀飛越數千哩。更多知識請上 www.journeynorth.org。

穿得暖和，約個朋友，冬天也能很好玩！

一月可以做以下這些活動。看看你能不能在一月底之前全部完成。

☐ 列出周遭所有正在活動的溫血動物，並想一想牠們怎麼度過這個冬天。牠們去哪裡找吃的和住的？

☐ 寫一月天氣日誌，並每天記錄以下資訊。日期。天空狀態和雲的形狀。氣溫和記錄時間。日出和日落時間。月相（參考第 91 頁格式）。

☐ 一個人或找朋友安靜的散步。別說話，仔細傾聽和觀察。只要有心，只要走一個路口也可以探索自然。列出你聽見的聲音或看到的有趣景象。

1 月 16 日
下午 2：30
樹枝上卡著雪塊

1 月 4 日早上 11：30
乾草的形狀很漂亮

雪落在我家狗狗的背上

1 月 20 日下午 5：30

☐ 散步或健行到你一陣子沒去的地方：像是附近的森林、河床、岩壁或海岸。現在和夏天的景色看起來有什麼不同？回到家後，把看到的景色畫下來，記得標上日期和地點。

☐ 拿著紙筆，望向窗外。把你看到的所有人工和自然景物列成清單。「人工」景物可能包含水泥人行道、電線桿、汽車、房屋等等；「自然」景物則可能包含人行道上結的冰、枯草、地上的松果和沾著雪的石頭。

☐ 把自然帶到室內。為你的城鎮動植物製作壁畫。用黏土或紙糊做出你最喜歡的動物。

雪人是人類也是大自然的傑作！

☐ 窩著讀一本好書。你可能讀過著名散文家 E.B.懷特（E.B. White）所寫的《夏綠蒂的網》，但他還寫了另一本書《天鵝的喇叭》（The Trumpet of the Swan），描述一個男孩和一隻發不出聲音的天鵝結為好友的故事。有些情節令人發笑，但對於自然和野生動植物的描寫十分生動。還有一本非小說類的推薦讀物是芭芭拉・巴許（Barbara Bash）所寫的《都市鳥窩》（Urban Roosts），介紹鳥類如何住在城市裡。

我手畫我見：哺乳類動物

要當自然觀察家不一定要畫得一手好圖，但能把看到的東西畫下來是一件很好玩的事。畫畫看起來很難，但只要你仔細觀察，就會發現大部分的動物身體其實可以分成幾個簡單的形狀。

灰松鼠

尾巴　屁股　肩膀　身體

❶ 大部分哺乳類動物的屁股和肩膀都可以畫成圓圈，再用橢圓形的身體連接。

❷ 大略畫出腳、尾巴和頭，調整比例。

❸ 最後加上毛髮和眼睛等細節，可以花時間慢慢描繪。

騾鹿　簡單形狀能幫助你拿捏正確的比例，重點就在這裡！

❶ 先抓出三個形狀，再加上細節。

❷ 立方體的頭可以讓你畫出耳朵、眼睛和鼻子。

❸ 把圓圈擦掉，添加毛髮和細節。

你要畫得很潦草或很仔細都可以，每個人都有自己的風格。重點在於觀察並把所見之物記錄下來。你也可以照著雜誌或書籍上的相片來畫（第 32 至 40 頁教你更多繪畫訣竅。）

把住在你周遭的野生動物畫下來

日期：　　　　　　　地點：　　　　　　　時間：

雪花飄呀飄

雪花是很神奇的東西。看似無中生有，具有數不清的形狀。有趣的是，雖然每片雪花都獨一無二，但總是有六個邊。

星狀晶
在不是太冷的雲層裡形成
1/8-3/8 吋

粉晶
適合滑雪
1/16-1/8 吋

霰
被霧淞覆蓋的晶體（軟雹）
1/8-1/4 吋

六角形板片
經常和星狀晶一起出現
1/4-3/8 吋

針晶
1/4-3/8 吋

柱晶
1/8-1/4 吋

雪的小知識

* 在非常冷的空氣裡，水蒸氣在塵埃顆粒周圍凝結成固態晶體落到地面，形成雪花。

* 雖然雪很冷，但它會形成重要的保溫層，幫助動植物抵擋冷冽氣溫和強勁寒風。

* 在很多地區，融化的雪提供了春天和夏天的所需用水。不過若是有太多雪融化，也可能造成洪水和土石流。

用你的手套或袖子捕捉雪花，畫下它們的樣子

日期：　　　　　　地點：　　　　　　時間：

大自然的小房客

我們經常認為自然就是在戶外，但如果你看看四周，搞不好會發現室內也有野生動植物喔。特別是老舊建築物的地下室和閣樓有很多可以讓老鼠或甚至松鼠躲起來的地方。有時蛇或蝙蝠也會跑來湊熱鬧。安靜的角落也總是容易發現蜘蛛。在房子附近繞一繞，看看能找到什麼自然蹤跡！

害蟲經常進駐人類的家，像是穀蛾、衣蛾、蠹魚、家蠅、蟑螂、蠼等。

家鼠

我們家有很多老鼠的故事，因為我們住在老房子。（我們常常說這房子是跟老鼠租來的！）冬天一來，牠們也會搬進來。我們幾乎不會看到牠們，但我們知道牠們在房子裡……

你在說我嗎？

我們的枕頭底下有成堆的鳥飼料、草籽和莓果。

被咬過的蠟燭

老鼠用我們最喜歡的旅遊手冊在抽屜裡做了滿滿的鼠窩。

洩漏蹤跡的糞便

說到以老鼠為主角的書，最有名的應該是 E.B.懷特（E.B. White）所寫的《小不點司圖爾特》（Stuart Little），另外像是比佛利‧克利瑞（Beverly Cleary）的著作《老鼠和摩托車》（The Mouse and the Motorcycle）、《逃跑的拉爾夫》（Runaway Ralph）以及《老鼠拉爾夫》（Ralph S. Mouse）也十分有意思。

你找到了什麼？畫張圖或照張相吧！

日期：　　　　　　　　　　地點：　　　　　　　　　時間：

二月

尋找太陽

對羅馬人來說，二月（February）是淨化月（拉丁文「februatus」便是「淨化」的意思）；對北歐的古凱爾特人而言，二月二日代表春天的開始。早花正在盛開，暖陽照耀大地，小羊小牛也一一出生。好幾個國家都在二月舉辦盛大的狂歡節和嘉年華會，它們源自早期歐洲的營火和舞蹈傳統，用來歡慶春天重返。

　　這個時節的白天越來越長，有些野生動物會開始求偶，好讓寶寶在春天出生，並在健康的夏季月份成長。你可能會在黃昏或夜晚聽到或看見大鵰鴞、狐狸、負鼠和浣熊。臭鼬也在這個時候求偶，有時你甚至會聞到牠們的味道！在暖和的國度，某些樹會開始抽芽，但也有很多地區還是冬天，仍然會有寒流和暴風雪來襲。

所有活生生的動植物皆從太陽獲得性命。
要是沒有了太陽，就會一片黑暗，
寸草不生。地球也就沒了生命。
──提頓蘇族人歐庫提

我的自然觀察筆記

日期：	時間：
地點：	氣溫：
天氣如何？	

月相：	日出時間：
	日落時間：

望向窗外或走到戶外，把你的觀察速記下來、畫圖或描述一個景象。

想要印出更多張？請到 www.storey.com/thenatureconnection.php

自然大蒐祕！

　　每個月的一開始先來好好觀察四周。出去散散步，尋找新事物，運用你的所有感官搜尋季節線索！挑幾個不同的日子，看看你的答案會不會改變。

你能不能找到……　　　　　　　　形容你注意到的景象

☐ 玩你追我跑的松鼠　　　　　　_____

☐ 面對太陽的鳥兒　　　　　　　_____

☐ 吹在臉頰上的寒風　　　　　　_____

你還能找到什麼？

☐ _____　　　　　_____

☐ _____　　　　　_____

☐ _____　　　　　_____

☐ _____　　　　　_____

☐ _____　　　　　_____

☐ _____　　　　　_____

☐ _____　　　　　_____

☐ _____　　　　　_____

☐ _____　　　　　_____

本月美景

從你的清單上選出一到兩項（或更多！）畫下來或貼上照片

日期：　　　　　　　　地點：　　　　　　　　時間：

土撥鼠與牠的影子

　　過去在歐洲國家，二月二日是春天的第一天。大家會注意獾和蛇從洞裡出來找自己的影子了沒。如果牠們沒看見影子，代表冬天過去了；但若找到了影子，那麼冬天就還有六個星期。（再過六星期的冬天差不多是三月二十一日，那一天便定為春天的第一天，不管有沒有影子！）

　　早期德國人移居美國時把這項傳統也帶了過去，他們會在春天觀察獾或刺蝟鑽出洞了沒。有著許多德國移民的美國賓州找不到這些動物，因此改為觀察土撥鼠。

　　不過問題是，二月正在冬眠的土撥鼠怎麼會醒來確認影子呢？答案是牠們並不會這麼做。這項傳統只不過是好玩而已，跟實際上的自然現象沒有太大關係。

　　刺蝟並非在北美洲土生土長，而是來自歐洲、亞洲、非洲和紐西蘭。美洲獾則在加拿大中部、美國西部和中部以及墨西哥北部出沒。但賓州就是沒有牠們的蹤跡！

畫下或照下你居住地區的早春跡象（變長的日照、融化的冰、剛長出的綠芽）來慶祝土撥鼠日吧！

日期：　　　　　　　　　地點：　　　　　　　　　時間：

發現動物足跡

二月到來，陸地變暖，很適合尋找動物在雪地或泥巴上留下的足跡。到你家後院、人行道、校園或是附近的公園和樹林繞一繞，看看能不能找到人、鳥、狗、貓、松鼠、臭鼬、鹿、兔子甚至郊狼或狐狸的足跡。

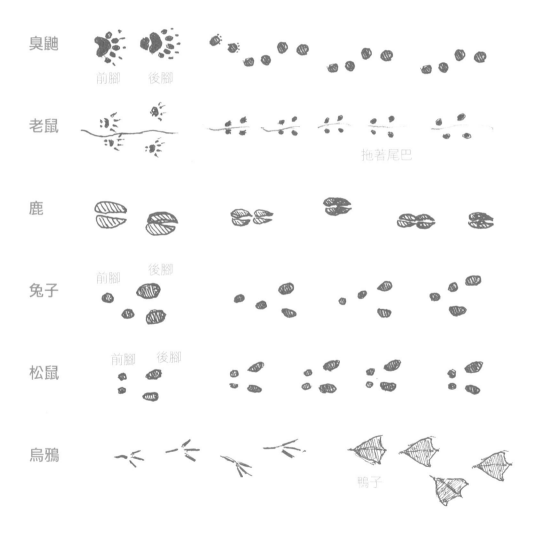

在這裡畫下你發現的足跡

日期：　　　　　　　　地點：　　　　　　　　時間：

不管在戶外還是室內，
冬天一樣樂無窮

二月可以做以下這些活動。看看你能不能在二月底之前全部完成。

☐ 假裝你住在另一個半球。地球另一端的冬天是什麼樣子？你現在會做什麼事？如果你住在熱帶地區或沙漠，它的天氣跟其他地方的氣候有什麼不同？

☐ 想想看人類在冬天如何禦寒。我們會穿什麼衣服？我們會對房子做什麼？當你在外頭玩耍時，跑跑、跳跳、抱抱別人，哪一種動作最讓你感到暖和？假如你是一隻動物，你要怎麼做才能生存下來？

☐ 這個月很適合健行或滑雪。你不會被蟲蟲干擾，也不會熱到暈頭。樹林後方的景色一覽無遺。結束後吃熱騰騰的食物超級美味！

☐ 如果你正在度假或住在溫暖的地區，安排一趟健行去看看已經適應溫暖氣候的不同鳥類、植物、昆蟲、爬蟲類或兩棲類。

☐ 如果你住在一個很常下雪的地方，可以玩跟雪有關的遊戲。帶著雪橇或橡皮圈，找個山坡滑下來。假裝你在沙灘上，把自己埋進雪裡。

蓋個雪堡！

做個雪天使！

☐ 追蹤月相一個月。如果遇到多雲的夜晚，那就把雲層的樣子畫下來。（參考第 72 至 75 頁。）

☐ 看看附近的自然中心有沒有舉辦冬令工作坊，教人辨識足跡。幾本有關辨識足跡的好書為歐勞斯・穆里（OlausMurie）所寫的《動物足跡圖鑑》（A Field Guide to Animal Tracks）以及唐・史托克斯（Don Stokes）所寫的《冬天自然指南》（A Guide to Nature in Winter）。

☐ 愜意的讀一本好書。試試珍・尤倫（Jane Yolen）的《月下看貓頭鷹》（Owl Moon）、瑪麗・卡爾霍恩（Mary Calhoun）的《跨越國度的貓》（Cross-Country Cat）或肯尼思・格拉姆（Kenneth Grahame）的《柳林風聲》（The Wind in the Willows）。

觀察樹木和灌木！

　　二月很適合研究樹木和灌木。樹木有一根主要的樹幹，而且可以長得非常大；灌木則有兩個以上的樹幹，通常比較小。看看你能不能找到就抽芽的樹，或是仍掛在枝頭上的葉子、種子和果實。以下是描繪樹木的小訣竅。

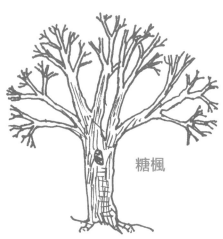

糖楓

❶ 從樹幹底部開始往上畫，分枝的粗細要平均。

❷ 繼續畫出平均的分枝，像高速公路一樣。注意外部形狀。樺樹、楓樹、橡樹和懸鈴樹的形狀都不同。

❸ 添入細節，包括葉子、影子、樹皮，並標出它是哪一種樹。

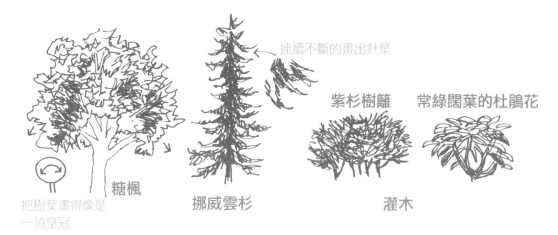

連續不斷的畫出針葉

紫杉樹籬　　常綠闊葉的杜鵑花

糖楓

挪威雲杉

灌木

把樹葉畫得像是一頂皇冠

畫一棵（或兩棵）長在你附近的樹，也可以照相或剪貼雜誌上的圖片

來追蹤這棵樹一年四季的
變化吧。

日期：　　　　　　地點：　　　　　　時間：

冬天以樹為家

在寒冷的冬季月份，動物需要地方躲藏、休息、吃東西和睡覺，一棵樹可以是許多不同動物的庇護所。

鳥類會飛到樹頂曬曬太陽、暖和身體並觀察四周

夏季松鼠樹葉巢

夏季鳥樹枝巢

正在做日光浴的松鼠

新芽開始要冒出來了

鳥類需要冬季樹木的果實&種子

樹洞可能是貓頭鷹、松鼠、浣熊、花栗鼠、老鼠或昆蟲的家

常綠樹是鳥類、兔子、臭鼬、鹿、狐狸和浣熊的藏匿處

松鼠啃咬糖楓樹的嫩枝，吸食甜甜的樹液。（你也可以咀嚼嫩枝或買一瓶楓糖漿來吃）

很多動物冬天都在地底下：蚯蚓、螞蟻、蛆蛆、昆蟲、蝸牛、蠑螈、花栗鼠、青蛙、土撥鼠、馬陸

常綠樹的針葉內有防凍劑，所以不會凍結

樹木的「食物」以樹液的形式儲存在根部。隨著天氣變暖，液體會往上移動，以供樹木成長和樹草發芽。一加侖的楓糖漿需要 40 加侖的樹液才能製成

在這裡畫下你自己的樹屋，以及可能在裡面或周圍過冬的所有動物

如果你要憑記憶畫出一隻動物或昆蟲，大可以參考圖鑑。我也經常照著書上的圖片畫畫，這樣能畫出正確的形狀和細節。

日期：　　　　　　地點：　　　　　　時間：

神祕的影子

你抓不到也留不住影子，但你可以看見它們，讓它們移動。很多人寫了詩來描寫影子的神祕，我很喜歡下面這首詩。

我的影子

我有一道影子跟進跟出，
在我看不見的地方發揮用處。
他和我從頭到腳都相仿；
我跳上床時，他早我一步躺下。
最好玩的是他長大的方式，
不像一般孩子要等待多時；
他有時像橡皮球一樣突然抽高，
有時又猛然縮小根本看不到。
他搞不清楚小朋友怎麼玩，
只會用盡辦法把我耍得團團轉。
他總是緊靠著我，膽小個性很明顯
我如果這樣黏著護士一定很丟臉！
有一天一大早，太陽還在沉睡，
我醒來發現每一朵金鳳花都閃著露水；
但我那小小影子懶惰不已，
留在家裡很快又在床上沉沉睡去。

——羅伯特・路易斯・史蒂文森《兒童詩園》

在這裡寫下你的影子詩或故事

_____

_____

_____

_____

_____

_____

_____

更多自然探索提案

＊和一群朋友玩踩影子遊戲。

＊閱讀詹姆斯・巴利（James Barrie）所寫的《小飛俠》（Peter Pan）或看它改
　編的電影。還記得彼得失去了影子有多迷惘嗎？

＊查詢英國藝術家安迪・高茲渥斯（Andy Goldsworthy）
　的資料，看看他如何運用影子創作戶外雕塑。

＊用不同形狀的紙板製作一個雕塑作
　品，並將它放置在明亮的陽光底下。
　觀察影子如何成為作品的一部份。

三月
迎接春天

三月是充滿希望的歡欣月份。冬天逐漸遠去，顯現春天的氣息，雖然可能還是讓人覺得寒冷黑暗。古羅馬曆只有十個月，一月和二月沒有包含其中，稱為「死季」。羅馬人以戰神（Mars）為三月（March）命名，祂不但是戰神，也是植物之神，很符合三月的特性，因為這個月士兵會上戰場，農夫則開始耕作。

俗話說：「三月來如雄獅，去似羔羊」，指的就是星座獅子座和牡羊座，它們在三月的天空中都很耀眼。另外，三月初春寒料峭，到了月底才會回暖，這個月也可以開始尋找新植物生命的跡象。到戶外走走，聆聽蟲鳴鳥叫，感受溫暖微風，聞聞濕潤泥土，就在此時此地，一切都很美好。細細享受當下悅耳的鳥鳴、吹拂的春風還有回暖的大地。

> 小熊維尼一看到大靴子，
> 就知道一段冒險即將展開。
> ——艾倫·亞歷山大·米恩《小熊維尼》

我的自然觀察筆記

日期：	時間：
地點：	氣溫：

天氣如何？

月相：	日出時間：
	日落時間：

望向窗外或走到戶外，把你的觀察速記下來、畫圖或描述一個景象。

想要印出更多張？請到 www.storey.com/thenatureconnection.php

自然大蒐祕！

　　每個月的一開始先來好好觀察四周。出去散散步，尋找新事物，運用你的所有感官搜尋季節線索！挑幾個不同的日子，看看你的答案會不會改變。

你能不能找到……　　　　　　　　形容你注意到的景象

☐ 長在前院的番紅花 ＿＿＿＿＿＿＿＿＿＿＿＿＿＿

☐ 任何地方出現的泥巴 ＿＿＿＿＿＿＿＿＿＿＿＿＿＿

☐ 木頭底下的蠑螈 ＿＿＿＿＿＿＿＿＿＿＿＿＿＿

你還能找到什麼？

☐ ＿＿＿＿＿＿＿＿＿＿＿＿＿＿＿＿＿＿＿＿＿＿＿＿＿＿＿＿＿＿

☐ ＿＿＿＿＿＿＿＿＿＿＿＿＿＿＿＿＿＿＿＿＿＿＿＿＿＿＿＿＿＿

☐ ＿＿＿＿＿＿＿＿＿＿＿＿＿＿＿＿＿＿＿＿＿＿＿＿＿＿＿＿＿＿

☐ ＿＿＿＿＿＿＿＿＿＿＿＿＿＿＿＿＿＿＿＿＿＿＿＿＿＿＿＿＿＿

☐ ＿＿＿＿＿＿＿＿＿＿＿＿＿＿＿＿＿＿＿＿＿＿＿＿＿＿＿＿＿＿

☐ ＿＿＿＿＿＿＿＿＿＿＿＿＿＿＿＿＿＿＿＿＿＿＿＿＿＿＿＿＿＿

☐ ＿＿＿＿＿＿＿＿＿＿＿＿＿＿＿＿＿＿＿＿＿＿＿＿＿＿＿＿＿＿

☐ ＿＿＿＿＿＿＿＿＿＿＿＿＿＿＿＿＿＿＿＿＿＿＿＿＿＿＿＿＿＿

☐ ＿＿＿＿＿＿＿＿＿＿＿＿＿＿＿＿＿＿＿＿＿＿＿＿＿＿＿＿＿＿

本月美景

從你的清單上選出一到兩項（或更多！）畫下來或貼上照片

日期： 地點： 時間：

春分到來

才不過兩個月之前，北極還是整天黑漆漆，南極則是太陽永不下山。現在地球繞到了一個距離太陽較遠的位置，讓我們迎來了春分。這代表在三月二十日前後幾天，全世界都會變得和赤道一樣擁有十二個小時的白天和十二個小時的黑夜。巴格達、巴黎、雪梨、東京、安克拉治、奈洛比、紐約和任何一個城市的白天都一樣長。

> 「春秋分」（equinox）的字源為拉丁文「equi」（平分）和「nox」（夜晚）；「春」（vernal）則來自拉丁文的「vernalis」，代表「春天」。

北極

南極

春分一過，晝夜便不再是一半一半。南北半球的日照長短反過來，北半球的白天越來越長、夜晚越來越短；南半球的白天越來越短、夜晚越來越長。這種變化會一直持續到六月的夏至（或冬至），也就是一年當中白天最長（或最短）的一天（請見第 172 頁）。

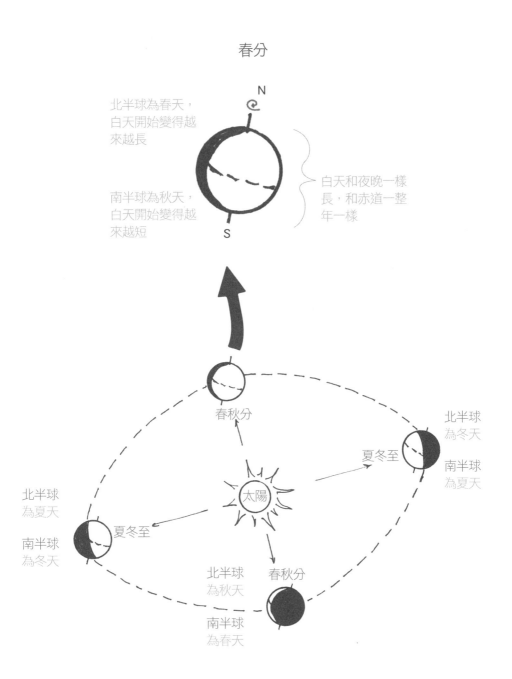

春分

北半球為春天，
白天開始變得越
來越長

南半球為秋天，
白天開始變得越
來越短

白天和夜晚一樣
長，和赤道一整
年一樣

N

S

春秋分

夏冬至

北半球
為冬天

南半球
為夏天

北半球
為夏天

南半球
為冬天

夏冬至

太陽

北半球
為秋天

春秋分

南半球
為春天

穿上你的雨鞋，尋找水窪踩踩水！

三月可以做以下這些活動。看看你能不能在三月底之前全部完成。

□ 到池塘、溪流和季節性溼地尋找生命跡象。拿個網子和蒐集罐，舀些水來觀察裡面有什麼東西動來動去（季節性溼地是很淺的暫時性池塘，青蛙和蠑螈會在此繁殖）。

□ 翻開木頭和石頭，找找有什麼東西藏在裡面。許多在枯枝層過冬的變溫動物（冷血動物）會躲在腐爛的木頭周圍和石頭底下。

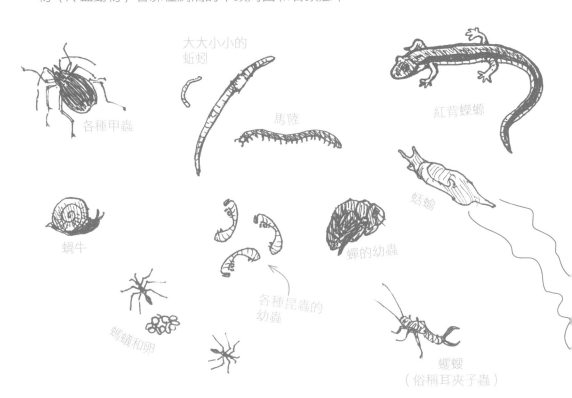

各種甲蟲

大大小小的蚯蚓

馬陸

紅背蠑螈

蛞蝓

蝸牛

蟬的幼蟲

各種昆蟲的幼蟲

螞蟻和卵

蠼螋
（俗稱耳夾子蟲）

騎腳踏車或滑滑板到一塊空地，看看有哪些植物正在長出新芽。

☐ 蒐集一些你認為能代表三月的自然物體。把它們帶到室內，放在碗盤裡，用鉛筆、原子筆或水彩筆畫下來並標註名稱。

☐ 去放風箏吧！你知道放風箏比賽在某些國家很盛行嗎？看看你能不能找到更多資訊！

☐ 剪下幾根樹枝，放在室內栽培。許多灌木和樹木正在等待天氣變暖來開花。你可以剪下幾根八到十二吋的連翹、櫻樹、蘋果樹或星花木蘭等植物枝條，養在花瓶裡。觀察它們比外面的樹早多久開花。

黃色

連翹

☐ 放鬆的讀一本好書。推薦你愛麗思・麥樂潤（Alice McLerran）寫的《羅沙堡森》（Roxaboxen），它描述一群孩子住在亞利桑那州的沙漠，他們建立起一座村莊，並以石頭、植物和其他自然物體蓋了堡壘。插圖中有小小動物在看他們唷！

129

我手畫我見：鳥類

　　把你看見的鳥類畫下來能夠讓你更加了解牠們。你可以照著有清楚輪廓的相片來練習，圖鑑和網路上都找得到。

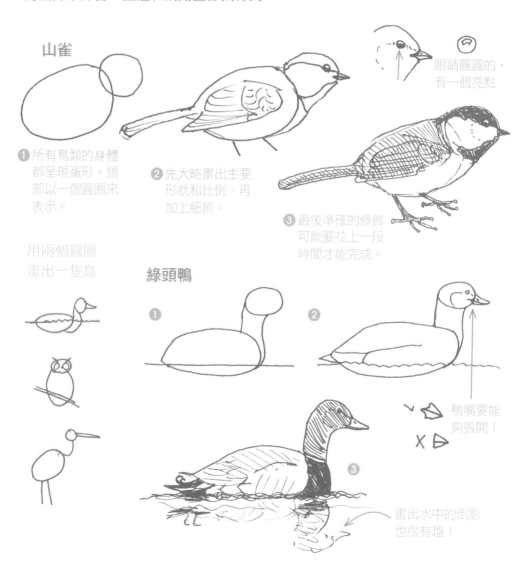

山雀

❶ 所有鳥類的身體都呈現蛋形。頭部以一個圓圈來表示。

❷ 先大略畫出主要形狀和比例，再加上細節。

❸ 最後準確的修飾可能要花上一段時間才能完成。

眼睛圓圓的，有一個亮點

用兩個圓圈畫出一隻鳥

綠頭鴨

❶

❷

❸

鴨嘴要能夠張開！

畫出水中的倒影也很有趣！

在這裡畫幾隻鳥類的圖吧！

日期： 地點： 時間：

遛狗也能探索自然

　　到外面遛你家的狗，並讓他或她的鼻子帶領方向。（如果你沒養狗，試試跟鄰居借，或邀請有養狗的朋友一起來，我還曾經在城市裡看過有人遛貓呢！）注意狗聞了哪些地方，觀察他如何用鼻子跟隨微風。看看你能不能找出他聞到了什麼，想像一下如果你擁有如此敏銳的嗅覺會怎麼樣。

　　如果你沒養狗，那就自己去散散步，數數看你能注意到幾個春天的跡象。任何地方都找得到，就算是大城市也一樣！

太酷了！

找找看以下這幾項你可以觀察或聆聽到的事物（找到即打勾）：

☐ 植物和早花（雪花蓮、番紅花、水仙花、鬱金香）
　的小綠芽

☐ 鳥兒開始唱歌

家雀

雪花蓮

☐ 冰雪融化時流動和滴落的水

☐ 蚯蚓（注意一顆顆成堆的小泥球，那是蚯蚓糞便。蚯蚓會吞食泥土，消化
　後將糞便排至地面，成為肥料。）

☐ 潮濕泥土的氣味

☐ 泥巴！

糞便

☐ 太陽爬得更高，微風越來越溫暖，陽光也
　越來越強烈

☐ 嗡嗡叫的昆蟲（蒼蠅、甲蟲、蜜蜂）

☐ 樹木和灌木含苞待放

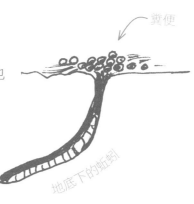

地底下的蚯蚓

☐ 青蛙在池塘和季節性溼地裡呱呱叫

挪威楓的
嫩枝

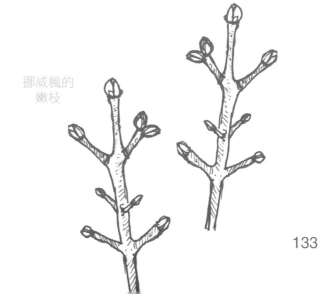

133

春天的跡象：綠意盎然

在我住的地方，植物世界在三月初到三月底之間會產生很大的變化。你住的地方也是這樣嗎？隨著白天越來越長、氣溫越來越高，我發現草開始變綠，樹木和灌木含苞待放，早花也出現了。三月是我最喜歡的月份，每一天都有豐富的轉變！地球好像甦醒了過來，打著哈欠、伸伸懶腰，露出大大的笑容。

水仙花 搶先在陽光充足的遮蔽處開花

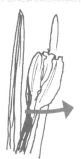

有些樹也很早開花：

木蘭

早來的蜜蜂和螞蟻很愛它的花粉

花

葉芽

花苞從毛茸茸的花莢裡探出頭來

最美的白花綻放了！

發芽的嫩枝

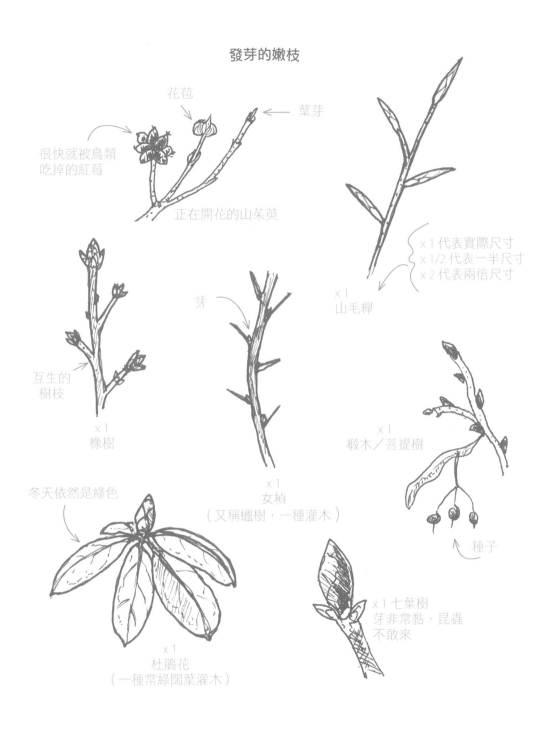

花苞

葉芽

很快就被鳥類
吃掉的紅莓

正在開花的山茱萸

x 1 代表實際尺寸
x 1/2 代表一半尺寸
x 2 代表兩倍尺寸

x 1
山毛櫸

芽

互生的
樹枝

x 1
橡樹

x 1
女楨
（又稱蠟樹，一種灌木）

x 1
椴木／菩提樹

種子

冬天依然是綠色

x 1
杜鵑花
（一種常綠闊葉灌木）

x 1 七葉樹
芽非常黏，昆蟲
不敢來

四月
萬物甦醒

四月（April）是重生和成長的月份。羅馬人以「aperire」為它命名，意思是「打開或開花」。至於「復活節」（Easter）這個字則源自於幾個古代黎明和春天女神的名字：愛歐絲（Eos）、阿斯塔蒂（Astarte）、愛歐絲特拉（Eostra）。在北方曆法中，四月是第一個完全是春天的月份，晝比夜來得長很多。太陽一如數十億年來溫暖著地球。

烏龜、蛇、魚、青蛙和蠑螈開始活動冬天懶洋洋的筋骨。第一批昆蟲出巢了，包括各種蜜蜂、早蝶、蚊蚋和飛蠅。蚯蚓從冬天的地底下探出頭來。留鳥和飛回來的候鳥狼吞虎嚥的吃著蟲子，牠們很快就要進入求偶期。四月一到，萬物便忙著甦醒、孵化、繁殖、孕育和成長，對農夫和園丁而言，這個月的天氣將決定土壤是否夠乾暖，可以開始耕作並讓牲畜回到牧草地。

土地餵養了我們的孩子；是土地啊。
你不能擁有土地；是土地擁有你。
──蘇格蘭民歌手，道吉·麥克連

我的自然觀察筆記

日期：	時間：
地點：	氣溫：
天氣如何？	
月相：	日出時間：
	日落時間：

望向窗外或走到戶外，把你的觀察速記下來、畫圖或描述一個景象。

自然大蒐祕！

　　每個月的一開始先來好好觀察四周。出去散散步，尋找新事物，運用你的所有感官搜尋季節線索！挑幾個不同的日子，看看你的答案會不會改變。

你能不能找到……　　　　　　　形容你注意到的景象

☐ 泥巴上的腳印

☐ 呀呀叫的烏鴉

☐ 滴落的雨水

你還能找到什麼？

☐

☐

☐

☐

☐

☐

☐

☐

☐

本月美景

從你的清單上選一到兩項（或更多！）畫下來或貼上照片

日期：　　　　　　　　　地點：　　　　　　　　　時間：

爬蟲類和兩棲類傻傻分不清？

爬蟲類（reptile）和兩棲類（amphibian）乍看之下很像同一種動物。牠們都是變溫動物（請見第 96 頁），擁有骨骼，並且為卵生。但爬蟲類在陸地上產卵，兩棲類則是在水中出生，靠鰓呼吸，長大才會移到陸地（「amphi」是希臘文「兩種」的意思）。

爬蟲類

烏龜、蜥蜴、蛇和鱷魚都是爬蟲類。爬蟲類的皮膚較粗糙且布滿鱗片或骨板。

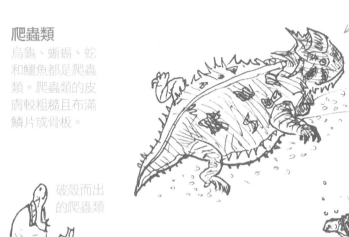

德州角蜥

牠自我防衛時會將身體膨脹，眼睛還會噴血！

烏龜是爬蟲類。有些烏龜住在陸地，有些則生活在水中，例如這隻綠蠵龜。

破殼而出的爬蟲類

雌襪帶蛇與幼蛇

大部分的蛇無害，有些吃花園附近的蒼蠅、蛞蝓和蚯蚓。

蛇類約有 250 種，其中約有 36 種對人類有害。

兩棲類

青蛙、蟾蜍和蠑螈
都是兩棲類。兩棲
類也是卵生，但成
長階段大不同。

美國蟾蜍（雄性）發出顫音來
求偶。有蟾蜍在很方便，因為
牠們吃蛞蝓。有些人認為蟾蜍
是好運的象徵！

蟾蜍蝌蚪幾個禮拜就可以
完全長大，養在裝水的
大容器裡很好玩。

卵

 →

蝌蚪　　　長出　　　離開水面
　　　　　腳和肺

跳上陸地，
越長越大

紅背蠑螈

這種常見的蠑螈不尋常的
地方是在陸地產卵。

春雨蛙

不容易見到，
但很容易聽見
牠的叫聲。這
種小小青蛙會
鼓起喉嚨下方
的鳴囊唱出春
之歌。

萬古以前，兩棲類是第一批離開水
面到陸地生活的動物。牠們現在依
然住在潮濕的環境中，擁有光滑多
孔的皮膚，這表示牠們很容易吸收
池塘和溪流裡的毒素和污染物。
兩棲類能夠存在，代表一個生態系
統是健康的，但牠們的數量正在減
少，讓環保人士十分擔憂。

慶祝地球日

在這個珍愛地球的月份，人類理應為唯一的家園認真思考如何讓它成為一個更適合萬物居住的地方，就連我們腳邊最小的螞蟻也一樣。當然了，身為一個自然觀察家，你會把每一天都當作是地球日！你有許多方法可以實踐。造訪以下這幾個很棒的網站，找找看一整年當中有什麼你可以參加的自然計畫：

美國康乃爾大學鳥類學研究室
有小朋友可以參加的各種賞鳥活動。
www.birds.cornell.edu

美國國家野生動物協會
後院棲息地計畫與其他活動
www.nwf.org

美國奧杜邦學會
州分會有自己的小朋友計畫。
www.audubon.org

珍古德協會
為兒童與環境成立的國際組織
www.janegoodall.org

旅北（Journey North）
可以找到各種觀察、記錄和研究計畫的優良資源網站。
www.journeynorth.org

國家地理雜誌兒童版
充滿動物、自然科學和其他有趣資訊的網站。
www.kids.nationalgeographic.com

【台灣方面】

國家地理雜誌兒童館
https://www.facebook.com/
Boulderbooks.junior

社團法人台北市野鳥學會
http://www.wbst.org.tw/

台灣環境資訊協會
http://e-info.org.tw/taxonomy/
term/8742

中華民國自然生態保育協會
http://www.swan.org.tw/rsanimal.htm

荒野保護協會
https://www.sow.org.tw/

（以上網站提供參考）

你可以在網路上找到和環境相關的夏令營和度假點子。地方、縣市和國家公園也經常舉辦豐富的自然活動。或是到你附近的自然中心、動物收容所或童軍組織問問看吧。

化石燃料有什麼問題？

你可能聽過很多人談論化石燃料、碳排放、全球氣候變遷等等議題。這到底是怎麼一回事呢？化石燃料之所以有這個名稱，是因為它來自地球三億多年前數十億古生物（動植物和昆蟲）遺骸擠壓形成的化石。

化石燃料來自曾經覆蓋著大地的古植物，像是巨大蕨類、苔蘚、泥炭沼和大片森林，它們腐爛的速度非常慢。

經過了漫長歲月，這些化石變成各種碳化合物，人類在過去三百多年把它們當作能源來大量燃燒使用。在岩石和泥土的擠壓之下，這些殘留的碳變成了固體的煤、液體的石油或氣體的天然氣。在大量古動植物死去、分解並掩埋的地方，都可以找得到豐富的煤、石油和天然氣。

化石燃料必須從地底深處開採出來才能使用。人類大量消耗化石燃料來發電、種植作物、蓋房子、使用電器和維繫日常生活。這會造成兩個問題：一、燃燒化石燃料會產生二氧化碳，汙染空氣和地面；二、化石燃料並非取之不盡、用之不竭，所以我們必須尋找其他可替代的能源（第176至177頁有更多化石燃料的介紹）。

煤＝變硬的古植物，存在於山裡或山邊

天然氣＝一種氣體燃料，常伴隨石油和甲烷、丁烷與丙烷出現

石油＝液體，其英文名稱「petroleum」來自拉丁文的「petra」（石頭）和「oleum」（油）

不論晴天雨天，
四月很適合外出發掘新鮮事

四月可以做以下這些活動。看看你能不能在四月底之前全部完成。

☐ 追蹤每日降雨量。把你居住地區的四月降雨量和其他月份做個比較。現在還會下雪會結霜嗎？早上的地面有沒有露水呢？

☐ 來一場雨中散步！利用下雨的機會到戶外走走。注意雨滴落在葉子、草和蜘蛛網上的樣子。找找看涓涓而下的小水流。雨是從哪個方向來的？雨水是冷的還是溫的？

注意雨滴反映出的影像為上下顛倒。

☐ 想想看動物怎麼躲雨

松鼠
你看過把尾巴當雨傘的松鼠嗎？

鴿子
許多鳥類會讓羽毛變得油油的來防水。牠們用鳥喙從尾部附近的腺體沾取特別的油脂塗在身上。

馬
許多動物並不在意淋雨。你經常可以看到牛和馬站在外面淋雨，即使旁邊有遮雨的地方。

☐ 在溫暖的晴天，來數數你看到幾隻昆蟲。你能找到蜜蜂和熊蜂嗎（牠們有什麼不同）？胡蜂呢？找找螞蟻、蒼蠅、蚊蚋、蝴蝶和蛾。你可以找出幾種不同的甲蟲？

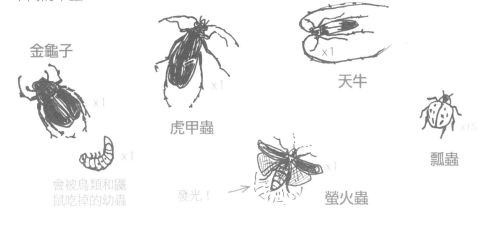

金龜子

x1

天牛

x1

虎甲蟲

x1

瓢蟲

x 1.5

x1

會被鳥類和鼴鼠吃掉的幼蟲

發光！

螢火蟲

☐ 助爬蟲類和兩棲類一臂之力。每到四月下雨的夜晚，新英格蘭和其他地方的居民不分男女老幼，都會幫助黃點蠑螈、藍點蠑螈、紅背蠑螈以及綠紅東美螈過馬路，讓牠們可以順利爬到鄰近的淺池塘交配和產卵。烏龜、蛇和青蛙觀察家也會花上好幾個小時，幫助這些行動緩慢的動物安全越過危險的柏油路，讓牠們也能成功繁殖產卵。

☐ 窩著讀一本好書。我喜歡的一些自然作家包括吉米・哈利（James Herriot）、蓋瑞・伯森（Gary Paulsen）、露薏絲・勞瑞（Lois Lowry）和羅伯特・派爾（Robert Pyle）。我也很欣賞這幾位詩人：艾蜜莉・狄金森（Emily Dickinson）、華特・惠特曼（Walt Whitman）和瑪麗・奧利佛（Mary Oliver）。

綠紅東美螈

春花盛開

我們來仔細觀察幾種常見的花。你在家裡、社區和學校周圍能找到多少種正在盛開的花呢？

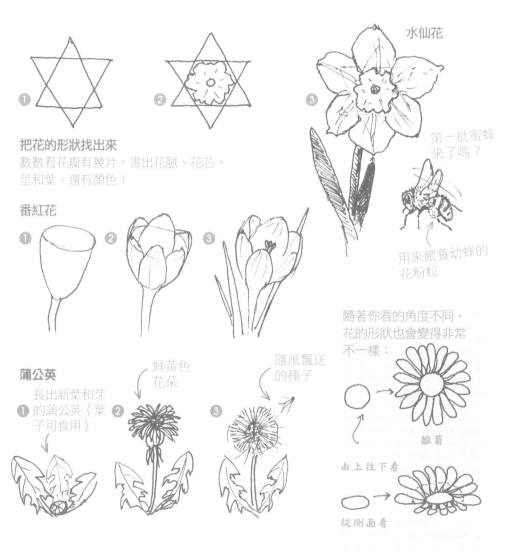

把花的形狀找出來

數數看花瓣有幾片。畫出花脈、花芯、莖和葉，還有顏色！

番紅花

蒲公英

長出新葉和芽的蒲公英（葉子可食用）

鮮黃色花朵

隨風飄送的種子

水仙花

第一批蜜蜂來了嗎？

用來餵養幼蜂的花粉粒

隨著你看的角度不同，花的形狀也會變得非常不一樣：

雛菊

由上往下看

從側面看

葉子也要看仔細！

葉子有許多不同的形狀、大小甚至顏色，雖然大部分的葉子在春夏兩季都呈現綠色。第242至244頁有更多有關葉子的介紹。

如何以「透視法」（foreshortening）畫出葉子與花瓣

注意葉脈的方向

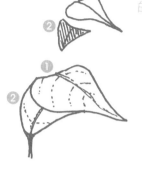

顯示出兩面

複葉

心形

卵形

單葉

和我們的血管一樣，葉脈為葉子輸送水分及養分

鋸齒狀

光滑

裂葉

天有不測風雲

四月很適合學習有關天氣的知識。「四月雨帶來五月花」不一定是正確的，要看你住在哪裡。在美國中西部，這個時期和一整年都有可能發生劇烈洪水和龍捲風；遠西地區可能會有強風、火災、土石流和遲來的雪；在西部和西北地區的高山州會發生暴風雪和雪崩；四月為美國許多地方帶來突發的暴風雪。在新英格蘭則是有爛泥巴！

有些地方在春天到來之前、冰雪融化之後，會迎來「泥巴季」。沒有鋪柏油的道路因為地面解凍而變得黏膩不堪，讓車子和行人都很困擾。

了解你居住地區的天氣系統

你可以在以下地方找到資料：報紙、網路、當地電視台，當然還有圖書館。剪下和天氣相關的有趣文章（記得要包含日期）並貼在筆記本上（第 54 至 56 頁有更多天氣介紹）。

更多自然探索提案

* 查查什麼是「鋒面」以及它如何影響你居住地區的天氣。畫一張天氣圖來解釋你學到的知識。
* 你認識的人當中有人經歷過極端天氣嗎？例如：龍捲風、颶風、強大暴風雪或土石流。訪問他們並了解那是什麼情況，以及當時人們如何應對。
* 調查全球氣候變遷的現狀，以及它如何影響天氣型態、氣溫變化與水源。

在這裡寫下你的天氣研究

描繪你居住地區的地圖

四月還是有很多地區又濕又冷。在陰沉的下午有個好方法可以讓你假裝自己在戶外。

畫出你的城鎮地圖

你可以在城鎮區公所取得空照圖，或是在附近圖書館或網路上找到。以這個空照圖為範本，在下面空白處畫出你的地圖。以不同顏色標出工業區、商業區、住宅區和綠地。畫出主要道路並標出你家在哪裡。

畫在這裡

畫出你的縣市地圖

　　我們學習了有關周遭自然環境的知識後，更重要的便是學習我們居住地區的地理。你住在小鎮、城市、郊區還是鄉下？你家附近有山嗎？還是有湖泊、溪流或河川？學習你居住地區的地理可以幫助你了解為什麼這一區會出現某種地形和天氣型態。

畫在這裡

五月

生機無限

五月（May）的名稱據說來自古羅馬富饒女神邁亞邁絲塔絲（Maia Maiestas）。對北歐的古凱爾特人而言，五月一日象徵夏季的到來，要開始種植作物和迎接健康的新牲畜。許多慶祝重生的古老習俗仍流傳至今，並以五月柱舞、莫里斯舞（一種英格蘭男性民俗舞蹈）、五月籃和花環遊行的形式呈現。

　　人類在歡慶之時，自然界的萬物也真正活躍了起來。百花盛開，枝繁葉茂，候鳥從南方返回，昆蟲出現，你周遭的動植物都在求偶、交配、產卵、孵化和出生，讓基因可以延續下去，物種在新的年度生生不息。五月對自然觀察家來說是很精彩的月份！

空氣像隻蝴蝶，擁有脆弱的藍翅膀。
喜悅的大地看著天空，唱起歌來。
——喬伊斯・基爾默《春》

我的自然觀察筆記

日期：	時間：
地點：	氣溫：

天氣如何？

月相：	日出時間：
	日落時間：

望向窗外或走到戶外，把你的觀察速記下來、畫圖或描述一個景象。

想要印出更多張？請到 www.storey.com/thenatureconnection.php

自然大蒐祕！

每個月的一開始先來好好觀察四周。出去散散步，尋找新事物，運用你的所有感官搜尋季節線索！挑幾個不同的日子，看看你的答案會不會改變。

你能不能找到……　　　　　　形容你注意到的景象

□ 在花朵上爬行的螞蟻 ＿＿＿＿＿＿＿＿＿＿＿＿＿＿＿

□ 蘋果花的香氣 ＿＿＿＿＿＿＿＿＿＿＿＿＿＿＿

□ 俯衝的煙囪刺尾雨燕 ＿＿＿＿＿＿＿＿＿＿＿＿＿＿＿

你還能找到什麼？

□ ＿＿＿＿＿＿＿＿＿ ＿＿＿＿＿＿＿＿＿＿＿＿＿＿＿

□ ＿＿＿＿＿＿＿＿＿ ＿＿＿＿＿＿＿＿＿＿＿＿＿＿＿

□ ＿＿＿＿＿＿＿＿＿ ＿＿＿＿＿＿＿＿＿＿＿＿＿＿＿

□ ＿＿＿＿＿＿＿＿＿ ＿＿＿＿＿＿＿＿＿＿＿＿＿＿＿

□ ＿＿＿＿＿＿＿＿＿ ＿＿＿＿＿＿＿＿＿＿＿＿＿＿＿

□ ＿＿＿＿＿＿＿＿＿ ＿＿＿＿＿＿＿＿＿＿＿＿＿＿＿

□ ＿＿＿＿＿＿＿＿＿ ＿＿＿＿＿＿＿＿＿＿＿＿＿＿＿

□ ＿＿＿＿＿＿＿＿＿ ＿＿＿＿＿＿＿＿＿＿＿＿＿＿＿

□ ＿＿＿＿＿＿＿＿＿ ＿＿＿＿＿＿＿＿＿＿＿＿＿＿＿

本月美景

從你的清單上選一到兩項（或更多！）畫下來或貼上照片

日期： 地點： 時間：

自然萬物在五月忙得不可開交

五月可以做以下這些活動。看看你能不能在五月底之前全部完成。

☐ 慶祝五朔節。讀讀古凱爾特人的故事,了解為什麼五月一日對他們來說如此重要。

編註:五朔節是英國古凱爾特族於每年春季的傳統慶典節日,這天他們會舉行慶祝活動,歡慶春天來臨。

☐ 到戶外散步,想像你活在二千五百年前。你會怎麼穿著打扮,周遭的土地會是什麼模樣?你一邊走、可以一邊想像活在八百、三百、五十和二十年前各是什麼情況。這片土地經過幾百年、幾十年下來有了什麼改變?

☐ 躺在樹下找樂趣。我很喜歡躺在開滿花的蘋果樹下,如果附近有很多蒲公英那就更好了。找一棵開了花的樹(不一定要蘋果樹!)躺在樹下,聆聽蜂鳴和欣賞落下來的花瓣。

☐ 想像你住在一個有著奇妙動物的國度。牠們長什麼樣子?會有什麼行為?

☐ 用附近找到的葉子形狀製作拼貼畫或活動雕刻。你能找到幾種不同的？把葉子壓乾，黏在兩張透明的卡點西德之間，或是放在蠟紙上用熨斗燙過。你也可以把乾葉子擺成花環或其他圖案貼在厚紙板上。在卡紙上畫出各種葉子並塗色，然後剪下來用棍子和樹枝做成活動雕刻。數數看你有幾種不同形狀的葉子。

☐ 查查哪些葉子你不該撿，像是咬人貓、野葛和毒橡。你的居住地區還有哪些危險植物？

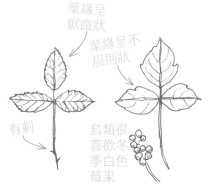

葉緣呈鋸齒狀

葉緣呈不規則狀

有刺

鳥類很喜歡冬季白色莓果

黑莓／覆盆子
灌木
它們的刺可能會刮傷你，但葉子無害

野葛
藤蔓或灌木
不管碰到它的哪個部分都會讓你發癢，四季都一樣
生長於美國各地

毒漆樹
灌木或樹木
不管碰到它的哪個部分都會讓你發癢
生長於美國東部沼澤

毒橡
灌木或藤蔓
不管碰到它的哪個部分都會讓你發癢
生長於太平洋沿岸與美國東南部

☐ 讀一本好書。我推薦布萊恩・雅克（Brian Jacques）寫的《紅牆》（Redwall）系列奇幻冒險小說，講述林地生物的故事；凱薩琳・漢尼根（Katherine Hannigan）的《伊達的極致玩樂、避免災難和（可能）拯救世界計畫》（Ida B. and Her Plans to Maximize Fun, Avoid Disaster and (Possibly) Save the World）以及琳達・李爾（Linda Lear）的《波特小姐與彼得兔的故事》（Beatrix Potter: A Life in Nature）。

一場不可思議的旅程

　　五月是賞鳥人士的重要月份，因為許多鳴禽、鴨、鵝、岸鳥、蒼鷺和鷹會離開牠們冬天的家，往北方飛幾千哩。這些鳥類一代又一代的遷徙，找尋適合養家活口的食物和築巢環境。牠們的後代會依循一樣的飛行路線，而且通常沒有父母在身邊。不是所有鳥類都會遷徙；事實上，只有百分之二十五的常見北美鳥類會遷徙到美國國界以南。

黃鸝遷徙路線

🔲 =夏季居住地

🔳 =冬季居住地

此地圖參考
http://ngm.nationalgeographic.com 繪製而成

巴爾的摩黃鸝
雌鳥，7吋
於加拿大南部至美國東部繁殖
於墨西哥南部至哥倫比亞過冬
每年兩次飛越超過 2000 哩的距離

　　現在有越來越多的鳥類一年到頭都留在夏季居住地，像是知更鳥、反舌鳥、北美紅雀和卡羅葦鷦鷯。找找看你附近有什麼鳥類，牠們在冬天會留下還是離開。

　　鳥類遷徙的原因和方式就連最優秀的科學家也正在研究當中，不過你自己調查看看會很好玩。到網路上搜尋資料，或閱讀書報雜誌，例如：美國康乃爾大學鳥類學研究室的發行的《現存鳥類》（Living Bird）雜誌，以及克里斯多福·萊希（Christopher Leahy）寫的《賞鳥良伴》（The Birdwatcher's Companion）。

斑背潛鴨
於北極苔原與阿拉斯加
西部繁殖
於大西洋東北部沿岸過冬

金斑鴴
從南美洲遷徙至加拿
大與西伯利亞繁殖

家燕
北美洲各地可見
於南美洲過冬

鳥類小知識

* 有些科學家認為鳥類遷徙始於上一個冰河時期末，當時冰緣後退，北方變
　得比以往溫暖。

* 鳥類可以不吃不睡飛行很長一段距離，但在途中必須停下來「加油」（依
　照賞鳥人士的說法）。

* 鳥類藉由星星、太陽、磁場以及視覺線索（山脈、河川、海岸線等等）來
　找路。

* 北極燕鷗來回遷徙距離長達 22000 哩（35400 公里）。灰水薙鳥飛得更遠，
　長達 40000 哩（64370 公里）。

了解你附近的鳥類

　　你知道賞鳥是最受歡迎的戶外活動之一嗎？你可以上一門課、參加戶外教學或找一個賞鳥人士聚集的地方，大部分的人都會很樂意幫助你學習。或是你也可以自己到郊外去觀察。你已經知道鳥類有很多不同的大小形狀，但基本上可以分成幾大類。以下是一些常見種類。

* **水禽**（包括鴨、鵝、天鵝、鵜鶘、白鷺、蒼鷺）居住在鹽水或淡水附近的棲息地。許多水禽會遷徙很長一段距離。

* **猛禽**（鵰、鷹、魚鷹、貓頭鷹）會獵食動物，為了打獵而長有強壯的鉤狀喙和彎爪。

* **鳴禽**（雀、鶇、鶯、鷦鷯、麻雀）在全世界都可見到蹤跡。有些是候鳥，有些則全年都住在同一個區域。我們很喜歡餵這些經常跑進後院的鳴禽。

褐鵜鶘
大西洋與
太平洋沿岸

白頭鷹
夏季於加拿大與
阿拉斯加，冬季
於下48州

金翅雀
美國本土
處處可見

家麻雀
南北美洲大部分靠
近人類的地區

在這裡寫下你的鳥類筆記、畫圖或貼上照片

一副好的望遠鏡和一本好的圖鑑助益良多。

日期：　　　　　　　地點：　　　　　　　時間：

花粉症

　　春天百花盛開，萬紫千紅。雖然我們很喜歡欣賞樹木和花朵爭奇鬥艷，但花瓣之所以鮮豔亮麗不是為了討好人類，而是為了吸引昆蟲、鳥類甚至蝙蝠來傳授花粉。授粉能產生更多種子，而種子能長成更多植物、更多花，生生不息。這種機制的目的就是要讓物種繁衍下去！

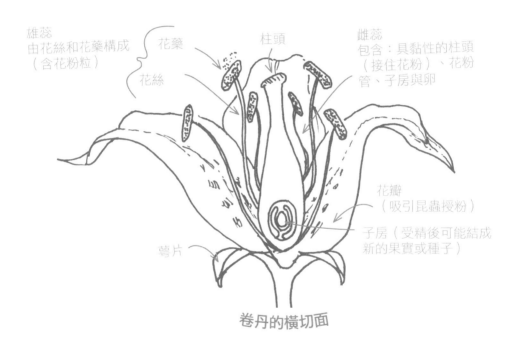

雄蕊
由花絲和花藥構成
（含花粉粒）

花藥

花絲

柱頭

雌蕊
包含：具黏性的柱頭
（接住花粉）、花粉
管、子房與卵

花瓣
（吸引昆蟲授粉）

子房（受精後可能結成
新的果實或種子）

萼片

卷丹的橫切面

　　授粉者會飛到盛開的花朵尋找花蜜吃和餵養後代。牠們吃液體花蜜時，雄蕊上的微小花粉粒會沾在身上。等到牠們飛到另一朵花，花粉就會落在雌蕊上（雌蕊的子房裡有卵）。花粉和卵混合後，就會形成果實或種子。

樹木有兩種授粉方式：

風媒：靠風力傳送花粉，發生在葉子掉落前
（包括常綠樹、楓樹、樺樹、橡樹）
蟲媒：靠蜜蜂、螞蟻、蝴蝶等昆蟲傳送花粉
（包括蘋果樹、櫻樹、木蘭、紫丁香）

花粉小知識

　　除了靠昆蟲或鳥類，花粉也可以
靠風力傳送。這種來自長綠樹、橡
樹、豬草和多種草類的花粉，會讓一
些人產生打噴嚏和發癢等過敏症狀。

　　當你看見一團團的花粉在空中飄
盪、覆蓋車頂和漂浮在水面上，你就
知道這是自然界多樣化的生存方式之
一。有個好玩的方法可以讓你記住害
你打噴嚏的是花的雄蕊。我稱它們為
「壞老爸」。很快的，所有沒能落在
雌株上受精的花粉粒便會散布在地面
上，變成「死掉的老爸」。那還剩下
什麼呢？孕育新花朵和果實的「好媽
媽」。

紅楓（風媒）

雌花

帶有花粉粒的
雄花

花粉粒飛出去，
授粉給雌花

在夏天長出
新的種子

掉落地面

春天
又是新的開始！

蟲蟲別煩我！

　　五月出現了很多昆蟲，有些會讓我們抓狂。黑蠅、蚊蚋看起來都是討厭的害蟲，但牠們也是自然循環重要的一部分。

　　這些昆蟲咬你或叮你不是因為牠們討厭你，而是因為牠們需要你（的血）做為食物。但你要記住這些昆蟲對鳥類、蝙蝠和其他許多動物像是樹鼩、蛇、青蛙來說都是可口的美食喔。

昆蟲
有三個身體部位

翅膀　　　　　　　　　頭部
　　　　　　　　　　　胸部
　　　　　　　　　　　腹部

六隻腳全都與胸部相連

不是這樣！　　　小心畫！

蜘蛛
有二個身體部位

沒有翅膀　　　　頭部／頭胸部
　　　　　　　　腹部

八隻腳全都與頭
胸部相連　　　　　不是
　　　　　　　　　這樣！

蜘蛛和昆蟲不是很好畫，因為牠們一直動來動去！
但知道牠們的身體兩邊對稱就容易多了。
這代表如果你在牠們的背部畫一條中線，
兩邊會是一樣（對稱）的。

＊研究昆蟲的人叫做「昆蟲
　　學家」。

＊研究蝴蝶的人叫做「鱗翅
　　目昆蟲學家」。

＊研究甲蟲的人叫做「鞘翅
　　目昆蟲學家」。

第178至179頁有更多昆蟲介紹；第192頁有更多蝴蝶和蛾的介紹。

在這裡畫出昆蟲或貼上照片

日期：　　　　　　　地點：　　　　　　　時間：

畫一張自然藏寶圖

開啟一段探險之旅，到你的社區、校園或附近公園欣賞自然。你可以帶著望遠鏡和放大鏡，連隱藏的東西都可以看得清清楚楚，像是樹梢的鳥兒或地上的小昆蟲。

把你走的路線畫成地圖，找到自然景物的地點就打個叉叉。請親朋好友依照你的地圖走一遍，看看能不能跟你找到相同的東西。你可以幫他們在路上留下小線索或驚喜！

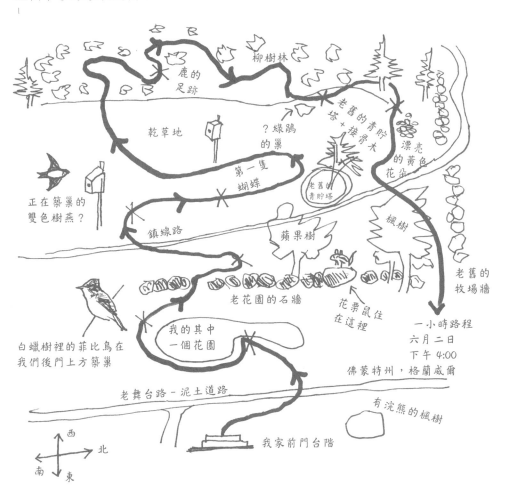

在這裡畫出你的藏寶圖

日期： 地點： 時間：

六月

生機蓬勃

六月（June）是夏季的第一個月份，名稱來自於羅馬女神朱諾（Juno）。她是萬神之王朱比特的妻子，也是天后。由於朱諾是女性的保護者和婚姻的守護者，因此數百年來大家都喜歡在六月結婚。

六月是夏至到來的月份，每年發生在六月二十至二十二日不一定。這一天太陽掛在天空中的時間最長，實際長度則視你的居住地區而定；在遙遠的北方，有很多天甚至太陽不會下山。北歐的盎格魯撒克遜人稱六月為「仲夏月」，並有慶祝活動迎接最長日的太陽到來。在美國和北歐某些地區，居民依然會點營火、放煙火和唱歌跳舞來頌讚偉大的太陽。著名的精采戲劇《仲夏夜之夢》便以這個時節為主題。

越過山丘，越過溪谷，
穿過灌木，穿過荊棘，
越過公園，越過柵欄，
穿過洪水，穿過火焰，
我四處遊蕩徘迴
——莎士比亞《仲夏夜之夢》（第二幕，第一景）

我的自然觀察筆記

日期：	時間：
地點：	氣溫：
天氣如何？	

月相：	日出時間：
	日落時間：

望向窗外或走到戶外，把你的觀察速記下來、畫圖或描述一個景象。

自然大蒐祕！

每個月的一開始先好好地觀察四周。出去散散步，尋找新事物，運用你的所有感官搜尋季節線索！挑幾個不同的日子，看看你的答案會不會改變。

你能不能找到……　　　　　　　　形容你注意到的景象

☐ 正在找蟲吃的燕子

☐ 很酷的積雲形狀

☐ 在夜晚嘓嘓叫的蟾蜍

你還能找到什麼？

☐

☐

☐

☐

☐

☐

☐

☐

☐

本月美景

從你的清單上選一到兩項（或更多！）畫下來或貼上照片

日期：　　　　　　　　地點：　　　　　　　　時間：

夏至

六月對北半球來說是日照最長的月份。在遠北地區，這個時期的太陽二十四小時都不會下山。如果越往南走，日照長度會不斷改變，一直到赤道，晝夜變得總是一樣長，這是地球彎曲的曲線及陽光在不同時間點照射所帶來的影響。

夏至

北半球為夏天，
白天最長

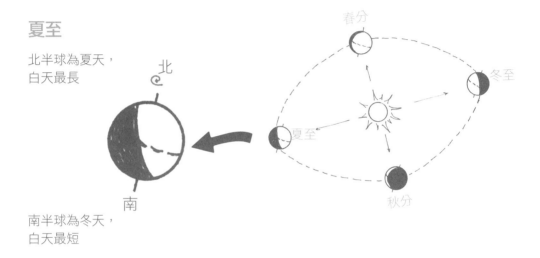

北

南

南半球為冬天，
白天最短

當地球繞著太陽轉到這個時期，北半球接收到最長日照，南半球接收到最短日照。日照最長的一天落在六月二十至二十二日之間，稱為夏至。在我住的地方，夏至有十五小時又十七分鐘的日照（冬至則只有九小時又四分鐘）。

難怪自然界在夏天如此生龍活虎又忙碌，到了冬天就安靜的睡覺。你能感受到不同嗎？查查看你的居住地區在夏至和冬至這兩個重要時節的日出和日落時間。

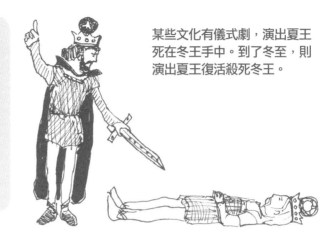

「至點」（solstice）這個字來自拉丁文的「太陽」（sol）和「靜止」（sistere）；「夏天」（summer）則來自古英語「sumor」，意思是「最暖和的季節」。

某些文化有儀式劇，演出夏王死在冬王手中。到了冬至，則演出夏王復活殺死冬王。

　　很久以前在某些文化當中，人們認為太陽是萬物的國王、父親或統治者；地球是母親；月亮則是妹妹。在這個欣欣向榮的月份，正值耕種和收穫之間，大家舉辦婚禮、開設宴席、出海航行和挑起戰事。

　　即使是在夏季的巔峰，人們也知道偉大的自然循環沒有停歇，冬天終究會回來。因此有必要在健康的夏季月份未雨綢繆。

在夏季為冬季做準備

即使是在夏至，你仍能發現冬天來臨的跡象。你的周遭又有什麼跡象呢？

＊ 菜園裡種了冬天要吃的食物（玉米、豆類、甜菜，還有什麼？）

＊ 乾草和莊稼地長大成熟

＊ 許多樹和植物結了種子

＊ 長長的白天讓動物可以覓食

＊ 唱歌的鳥兒變少了，因為牠們忙著養育下一代

放暑假囉！
盡情跑跳玩耍和尋寶吧！

六月可以做以下這些活動。看看你能不能在六月底之前全部完成。

☐ 六月是晚上到戶外走走的絕佳月份。拿條毯子，帶一些爆米花和飲料，到戶外欣賞夜空。在戶外搭個帳篷睡一晚，看看你能不能在草地或空地上找到一個能看到幾千隻螢火蟲尋找配偶的地點。

☐ 檢查你的行事曆。空下幾個早上和下午到戶外活動筋骨。這幾個時段都不要安排其他事情！邀請親朋好友加入你的行列，一起去探險或到附近溪流釣魚；參觀自然中心；試試新的健行路線；騎騎腳踏車；蓋一座碉堡並在裡面野餐；到野外打滾一下吧！

☐ 和幾個朋友成立自然觀察社。辦一場尋寶遊戲，看誰能找到最多種鳥類、哺乳類、兩棲類、爬蟲類、昆蟲類、魚類、樹、植物、花或岩石。

☐ 吸收六月的顏色。你能找到幾種不同的花？你看見多少種綠色？日落在這個時期是什麼模樣？用水彩筆、彩色鉛筆或彩色筆畫出六月的景色。

☐ 找一本好書，每個星期都學習一種新動物的知識。好多種動物都很有趣，你可以考慮研究下面這幾個：

＊臭鼬　　　　＊黃點蠑螈
＊山貓　　　　＊大蚊
＊河狸　　　　＊小紅蛺蝶

＊棉尾兔
＊麋鹿
＊野牛

＊鱷龜
＊襪帶蛇
＊藍知更鳥
＊渡鴉
＊藍鰓魚

樹木是自然的空氣過濾器

　　樹木能顯示土壤類型、水量、溫度、生態系統、經緯度以及土地和社區的健康程度。樹木為地球做的最重要工作之一就是保持空氣清新。所有動植物都含有碳。大部分的生物吸進氧氣並吐出二氧化碳。植物則相反，它們吸收二氧化碳，把氧氣釋放到大氣裡。我們燃燒化石燃料產生能源時也會排放二氧化碳。

室內華氏
90 度

戶外華氏
20 度

塑膠或玻璃屋頂
能讓陽光照射進
來，並留住熱量

　　幾千年來，空氣裡的氧氣和二氧化碳量都維持著一個平衡。但自從人類開始使用化石燃料產生能源並大量砍伐樹木之後，這個平衡就被破壞了。現在大氣裡有較多二氧化碳，加上其他汙染物，形成圍繞著地球的一層氣體，造成像溫室一樣的效應，留住熱量而非釋放出去。

碳循環

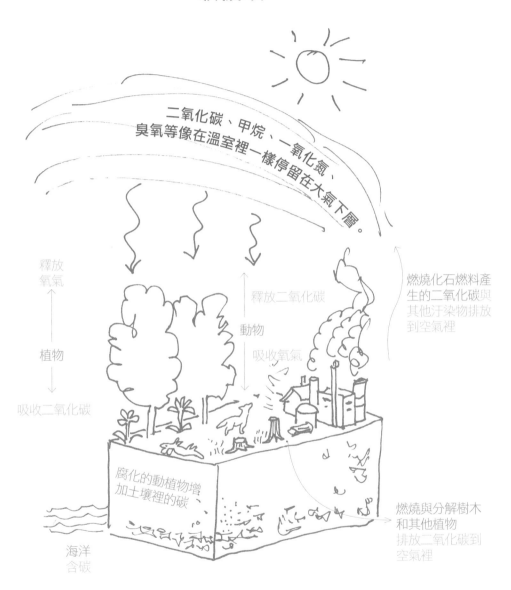

二氧化碳、甲烷、一氧化氮、臭氧等像在溫室裡一樣停留在大氣下層。

燃燒化石燃料產生的二氧化碳與其他汙染物排放到空氣裡

釋放氧氣

釋放二氧化碳

動物

吸收氧氣

植物

吸收二氧化碳

腐化的動植物增加土壤裡的碳、

燃燒與分解樹木和其他植物排放二氧化碳到空氣裡

海洋含碳

177

蟲蟲小兵立大功

只要你家後院或草地上有綠色植物、花、成蔭的樹或高草，那就一定會有昆蟲。昆蟲的數量遠比其他生物來得多，所以你要尊重一下這些六腳鄰居們！這個世界不能沒有昆蟲，因為牠們為植物授粉、促進自然的分解循環，同時也是許多動物的食物。

昆蟲咬你或叮你是有原因的：雌蚊和雌蠓需要吸血才能排卵；蜜蜂和胡蜂則只有在受到威脅時才會螫人。

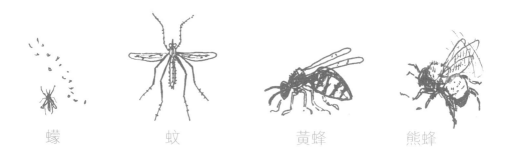

蠓　　　　蚊　　　　黃蜂　　　　熊蜂

大部分的昆蟲像是蚱蜢、蝴蝶、蜻蜓和螳螂都不會煩你，是很有趣的觀察對象。

蚱蜢

蜻蜓

蛾

尋找昆蟲之旅

＊拿本素描本，幾個蒐集罐（蓋子上戳一些洞）和撈網／捕蝶網，看看在你家後院能找到什麼！

＊抓到昆蟲之後，記得放牠們走。還有，請別使用「捕蚊燈」，因為它也會傷害好昆蟲。

所有蟲（bug）都是昆蟲（insect），但不是所有昆蟲都是蟲。

蟲和昆蟲有什麼不同？昆蟲綱是一種生物類別，底下包含約 30 種不同
種類，像是下圖這幾種。其中一種為半翅目（Hemiptera）或「真蟲」，
有兩個部分的翅膀。

半翅目（Hemiptera）
乳草　、蟬、臭蟲

同翅目（Homoptera）
葉蟬、蚜蟲

膜翅目（Hymenoptera）
蜜蜂、胡蜂、螞蟻

鱗翅目（Lepidoptera）
蝴蝶、蛾

直翅目（Orthoptera）
蟋蟀、蚱蜢、蝗蟲、蟑螂、
螳螂

蜻蛉目（Odonata）
蜻蜓、豆娘

雙翅目（Diptera）
蒼蠅、蚊子、大蚊

鞘翅目（Coleoptera）
所有甲蟲

甲蟲的種類是所有動
物裡面最多的，約有
35 萬種，而且每年都
會發現新種。這代表
全世界每五隻動物裡
面就有一隻是甲蟲！

　　雖然昆蟲的形狀和顏色多到驚人，但牠們全都有外骨骼、分成三部
分的身體（頭、胸、腹）以及三對腳。大部分的昆蟲還有觸角，許多則
擁有兩雙翅膀。

六月畫圖趣

　　畫動物寶寶很好玩。牠們和爸媽長得很像，但頭的比例較大，還有圓滾滾的大眼睛。有些動物剛出生時有不同的花紋。

浣熊寶寶　　　　　　　　　　　　　　　　很小就會爬樹

❶ 畫出三個圓圈，各自代表身體、肩膀和屁股。再加上另一個圓圈成為頭部。

❷ 畫出耳朵、眼睛、鼻子、尾巴和腳，注意每個部位的比例。

❸ 加上細節：毛髮、鬍鬚和指甲。

把毛髮線條畫得好像你會拍拍牠的樣子

白尾鹿寶寶

　　如果你在野外看到動物寶寶，靜靜的觀察牠，但不要抱起牠，即使牠看起來好像迷路了。動物寶寶一樣是野生動物，不適合當寵物。就算牠們很幼小，也已經具備生存技能。況且，在大部分的州需要合法執照才能處理野生動物。

容易偽裝

看就好，不要摸！

帶著筆記本或照相機到動物園或公園尋找
動物寶寶。你也可以用書上的圖片，跟我
一樣在這裡畫下動物寶寶的圖！

日期：　　　　　　　地點：　　　　　　　時間：

鳥兒勤築巢

　　鳥類在六月很忙碌，你可能會比較少聽見牠們的歌聲，因為鳥父母正忙著餵養幼鳥，把寶寶們藏在安全的地方。你可以靜悄悄的在你家後院、一處空地或一小塊樹林搜索，並仔細傾聽，可能就會聽見鳥寶寶吱吱喳喳吵著要食物的叫聲，或看見牠們開始離開鳥巢。有些鳥類在每個夏天都會養超過一窩幼鳥，一直餵養下一代到七月底。

　　仔細瞧瞧可能還會發現一些深藏在樹木或灌木裡的鳥巢，或甚至就在你家玄關。鳥類會以不同材料築起各式各樣的巢。牠們很清楚該怎麼做。

你可能會找到的鳥巢：

紅眼綠鵑的鳥巢
掛在樹的枝頭上
- 用植物纖維和樺樹皮
築巢
- 與松針和蜘蛛絲並列

山雀或啄木鳥
- 巢在樹裡面

試試看用牙籤或竹籤在果醬罐口上製作一個鳥巢。你需要用幾根呢？或是到外頭撿一些材料，看看能不能織成一個鳥巢。如果想挑戰高難度，那就用嘴巴來織！

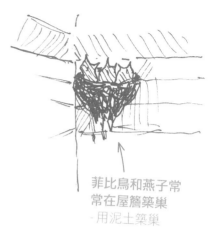

鷹、渡鴉、烏鴉和鵙
-用樹枝築巢

菲比鳥和燕子常常在屋簷築巢
-用泥土築巢

橙腹擬黃鸝
-鳥巢掛在遮蔭樹的樹梢上

-用植物纖維、線和毛髮等等築巢

知更鳥經常在玄關、後院樹木甚至人行道上築巢

-用細根、松針、線、草築巢，內部則是泥土

你也是小幫手！

你附近的鳥類在忙著築巢時你可以幫牠們準備一些材料。看看牠們會撿走短短的紗線、烘乾機的棉屑、你梳頭髮或幫貓狗梳毛時掉落的毛髮，還是包東西會用到的碎紙條或稻草。記得別放任何塑膠做的東西。

七月

成長茁壯

七月（July）的名稱來自羅馬的凱薩大帝（Julius Caesar），他在西元前四十六年修改了羅馬曆法，並根據羅馬政治家或神祇的名字為幾個月份命名。我們至今仍使用這些名稱。北歐人稱七月為「乾草月」，某些美洲原住民部落則稱呼這個月的月亮為「乾草月亮」。

這是因為雖然七月還很熱，但許多地區的農夫已經開始收割、曬乾和綑紮乾草來賣或以備在冬天餵牲畜。其他作物也正在成熟當中——哪些是你最愛吃的呢？玉米？藍莓？桃子？豆類？還是番茄？

七月很適合待在戶外，小小自然觀察家有好多戶外活動可以做。如果你住的地方太炎熱，你可以趁清晨和傍晚出門。回想一下冬天的清晨五點和晚上七點是什麼景象。

夏日時光，生活容易，
魚兒騰躍，棉花長高。
——喬治·蓋希文《乞丐與蕩婦》

我的自然觀察筆記

日期：	時間：
地點：	氣溫：

天氣如何？	

月相：	日出時間：
	日落時間：

望向窗外或走到戶外，把你的觀察速記下來、畫圖或描述一個景象。

想要印出更多張？請到 www.storey.com/thenatureconnection.php

自然大蒐祕！

每個月的一開始先來好好觀察四周。出去散散步，尋找新事物，運用你的所有感官搜尋季節線索！挑幾個不同的日子，看看你的答案會不會改變。

你能不能找到⋯⋯　　　　　　形容你注意到的景象

☐ 嘰嘰叫的蟬

☐ 在天空盤旋的紅頭美洲鷲

☐ 溫暖草地的味道

你還能找到什麼？

☐

☐

☐

☐

☐

☐

☐

☐

☐

本月美景

從你的清單上選一到兩項（或更多！）畫下來或貼上照片

日期：　　　　　　　　地點：　　　　　　　　時間：

盡情徜徉於戶外！

七月可以做以下這些活動。看看你能不能在七月底之前全部完成。

☐ 為地球盡一份心力：別開冷氣、隨手關燈、省水、以走路和騎腳踏車代替開車、清理你家後院或社區、種花。

☐ 在一天當中的不同時刻做你最喜歡的夏季活動。當你在打網球或籃球、划獨木舟、騎腳踏車、走路或跑步時，順便注意天氣、光線、雲層、聲音還有動物活動等等。想想看它們在一天當中會有什麼變化。

☐ 打造蝴蝶花園已經變成一項熱門活動。如果你想要吸引這些嬌客，一開始你可以種一些蜂香薄荷、金光菊、乳草、醉魚草、蒔蘿和或萬壽菊。

如同以下這首詩所描述的，你也可能在花園裡看見這些東西：

仙子在何處？
該去哪裡找……
祂們一定住在你的花園裡……
只要有花，就有仙子！

——西塞莉・瑪麗・巴克
《園中花仙子》

☐ 追蹤氣溫。注意你居住地區的氣溫圖表。你正在經歷熱浪嗎？有旱災發生嗎？還是下了太多雨？拿你的紀錄和其他地區做比較。

☐ 這個月有很多當季水果，包括桃子、莓果、瓜類等等。到菜市場買一些新鮮的在地水果來做一大份沙拉。如果你家後院有烤架，試試看將桃子沾一點黑糖烤來吃，一級棒喔！

☐ 學習有關野食的知識，以及早期沒有藥房和處方藥的人們使用哪些藥用植物。你知道阿斯匹靈可以由柳樹皮製成、毛地黃可以治療心臟病嗎？

乳草
美洲原住民用來治療皮膚問題

蒜草
到處都有長，加在沙拉裡很好吃

洋甘菊
洋甘菊茶使人放鬆心情

毛地黃
很漂亮但別吃它！

☐ 坐在樹下讀本好書。像是珍・克瑞赫德・喬琪（Jean Craighead George）寫的《狼王的女兒》（Julie of the Wolves）（還有她的其他著作！）；羅伯特・勞森（Robert Lawson）的《兔子坡》（Rabbit Hill）；茱蒂・布里斯（Judy Burris）與韋恩・理察斯（Wayne Richards）的《蝴蝶生命週期》（The Life Cycles of Butterflies）及赫伯特・基姆（Herbert Zim）與羅伯特・米切爾（Robert Mitchell）的《蝶與蛾》（Butterflies and Moths）。

描繪風景

風景很難畫，但畫起來很好玩。一開始畫簡單的就好。把你看見的東西標示出來。設定一個框架，你才知道畫到哪裡算結束！你的框架可以是任何大小和形狀。我用風景畫來記住我沒去過的地方；畫一幅約十分鐘。

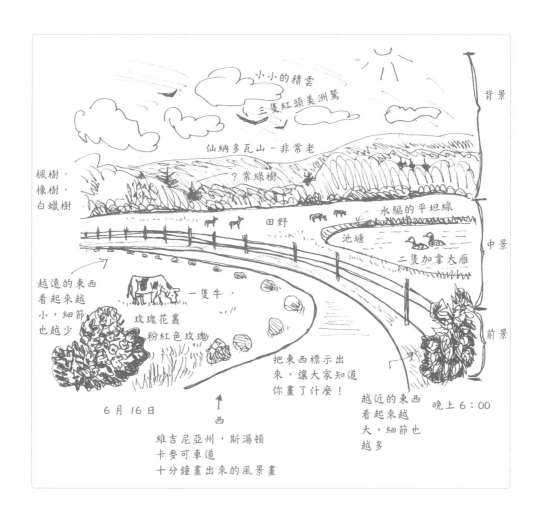

在這裡畫下你的風景畫

日期：　　　　　　地點：　　　　　　時間：

什麼是蝴蝶？什麼又是蛾？

　　夏天一大樂事就是學習有關蝴蝶和蛾的知識。你知道蛾比蝴蝶多活了好幾百萬嗎？牠們之間有很多不同點。舉例來説，蝴蝶通常在白天覓食，休息時會收起翅膀；蛾則是喜歡在夜晚覓食和飛來飛去，休息時翅膀展開。仔細觀察，看看你還能找到什麼差異。

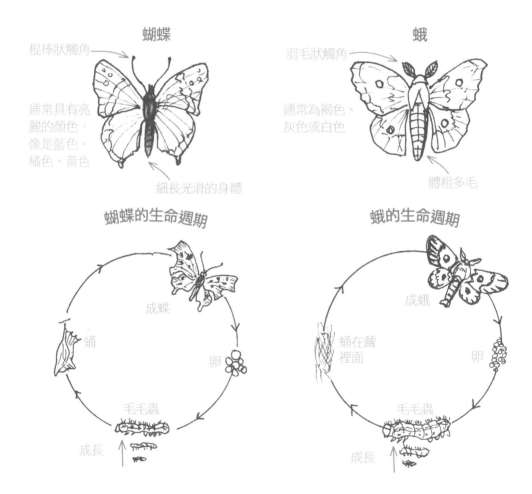

在這裡畫圖或貼上照片

你見過這幾種蝴蝶和蛾嗎？

☐ 春藍蝶

☐ 虎鳳蝶

☐ 珀鳳蝶

☐ 小粉蝶

☐ 豹蛺蝶

☐ 弦月紋蛺蝶

☐ 長尾鉤蛺蝶（俗稱問號蝶）

☐ 黃鉤蛺蝶（俗稱逗點蝶）

☐ 大紅蛺蝶

☐ 白蛺蝶

☐ 小紅蛺蝶

☐ 帝王蝶

日期：　　　　　　地點：　　　　　　時間：

如何讓花園欣欣向榮？

所有植物要生長都需要陽光照射某一段時間、水分，或許再撒上一些肥料和木屑，當然還有不會過冷或過熱的天氣。植物從泥土中獲得養分，因此你的花園有沒有肥沃的泥土很重要。自然的美妙之處在於一切都可以回收再利用——葉子和死掉的植物掉到地上腐爛，形成一層腐植質，供給下一代植物養分。蚯蚓和其他小生物會進一步分解這些腐爛的植物物質。如果你有空間可以打造一座花園，在種下植物之前先想想以下這幾個問題：

＊你想要種什麼？

＊你的花園能照射到多少陽光？

＊你要怎麼讓它保持足夠水分？

＊你需要加堆肥來讓它更肥沃嗎？

＊如果你去度假，誰能幫你照顧花園？

-青花菜 -豌豆 　甜菜
-芥藍 　-菜豆

如果你沒有空間打造花園，可以在花盆裡種番茄或胡椒，或是在陽光充足的窗前種香草。找個地點（例如你阿嬤家）種一些鳳仙花或天竺葵。

九層塔

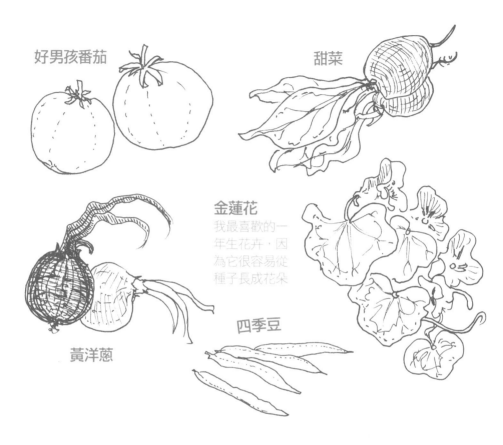

好男孩番茄

甜菜

金蓮花
我最喜歡的一
年生花卉，因
為它很容易從
種子長成花朵

黃洋蔥

四季豆

如果你的居住地區條件允許，你可
以考慮培養一個全年花園。
我的女兒安娜在紐奧良的學校教
書。她和她的學生在 11 月蓋了一座
花園，種植甘藍、青花菜、芥藍和
一些香草。現在很多學校都有自己
的花園，如果你的學校沒有，可以
跟老師建議看看。

青花菜　　芥藍　　甜菜

花台上的冬季花園

195

花園還有更多好玩事

香草、蔬菜和花卉可以一起種或分開種。有些花卉可以幫蔬菜驅趕害蟲。舉例來説，菊花能趕走日本甲蟲；金蓮花能消除南瓜蟲；許多不同種類的昆蟲則怕萬壽菊。找幾本園藝書來研究哪些植物適合種在一起。

* 一年生植物必須從種子開始栽培，或是買幼苗回來種，並且每年重新種植，因為它們活不過冬天。大部分的蔬菜和許多花卉為一年生。
* 多年生植物在冬天凋零，但每年都會長回來。例如：水仙花、荷包牡丹、金光菊和大部分的雛菊。

你可以直接把種子種在土裡，或是在土壤適合種植之前先養在室內。種子和幼苗在苗圃或花市找得到，甚至是你附近的雜貨店和五金行。

更多自然探索提案

* 和家人討論看看要不要加入社區永續農業（Community Sustainable Agriculture）農場。
* 造訪「你的餐盤上有什麼？」網站（www.whatsonyourplateproject.org），看看兒童如何改變我們對地球上種植食物的看法。
* 在翻土時尋找活生物（蚯蚓、蛞蝓、昆蟲卵囊、蚜蛾、甲蟲）。

我們也喜歡你的花園！

我的陽台小花園

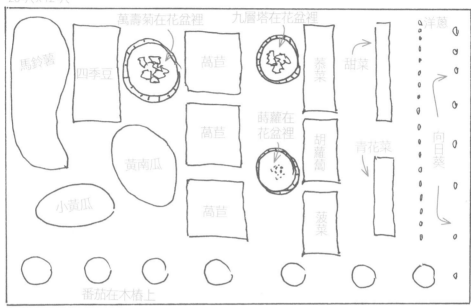

20呎x12呎

→ 北

（大部分為早晨陽光）　　　　　　　佛蒙特州，格蘭威爾於5月28日至6月3日種植

畫出你的小花園（或是鄰居的，或是想像一個）

雜草真的那麼討人厭嗎？

　　「雜草」不是植物學用語，它們事實上是野花。我們稱之為雜草，因為即使我們沒有刻意種它們，它們還是隨心所欲的常常長在我們不想看到的地方！人類其實跟雜草一樣，哪裡都可以居住，在任何環境都可以生存，而且很難趕走！

　　許多所謂的雜草就跟栽培植物一樣美（我們刻意種植的植物稱為栽培植物），而且堅韌、適應力強，常常還很有用處呢。我看了《雜草黃金指南》（A Golden Guide to Weeds）和《彼得森野花圖鑑》（The Peterson Field Guide to Wildflowers）才知道大部分我認識的植物都是雜草！

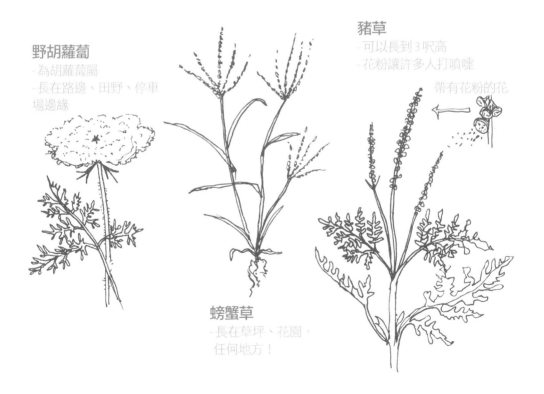

豬草
-可以長到3呎高
-花粉讓許多人打噴嚏

帶有花粉的花

野胡蘿蔔
-為胡蘿蔔屬
-長在路邊、田野、停車場邊緣

螃蟹草
-長在草坪、花園，任何地方！

數數看你可以在附近找到幾種不同的雜草。把它們蒐集起來，查出名字並做成押花作品。

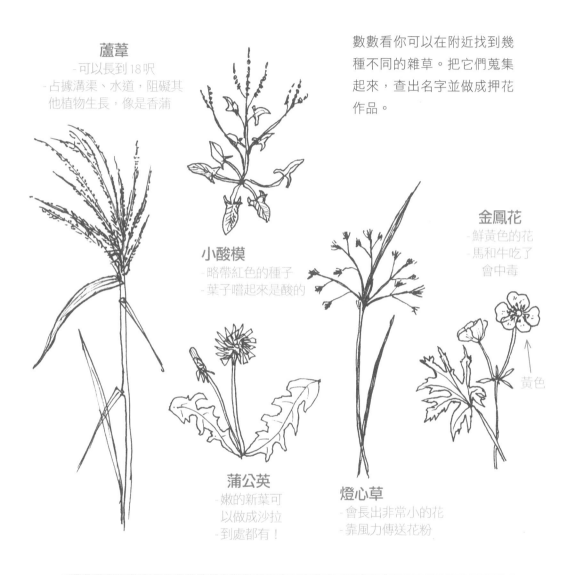

蘆葦
- 可以長到 18 呎
- 占據溝渠、水道，阻礙其他植物生長，像是香蒲

小酸模
- 略帶紅色的種子
- 葉子嚐起來是酸的

金鳳花
- 鮮黃色的花
- 馬和牛吃了會中毒

黃色

蒲公英
- 嫩的新葉可以做成沙拉
- 到處都有！

燈心草
- 會長出非常小的花
- 靠風力傳送花粉

一旦你開始注意到雜草的存在，就會發現它們有許多適應環境的不同方式。觀察它們各式各樣的葉子、種子和根部──難怪哪裡都可以長！

隱密的生命

　　有許多生物住在我們附近，但我們渾然不覺。翻開一塊石頭或木頭，或挖開林地落葉，看看底下有什麼。在沙漠中，誰會躲在涼爽的裂縫裡？在沼澤或溪流中，誰會漂浮在潮濕的草叢間，或是把自己偽裝成礫石堆的一部分？到戶外仔細觀察地面，找一找可能有動物隱藏的暗處。帶著放大鏡，甚至是手電筒。小心別傷害到任何東西，並且記得將木頭和石頭擺回原處。

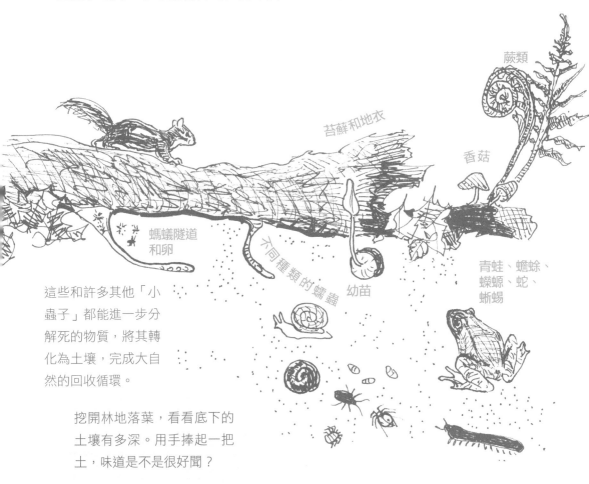

蕨類

苔蘚和地衣

香菇

螞蟻隧道和卵

不同種類的蠕蟲

幼苗

青蛙、蟾蜍、蠑螈、蛇、蜥蜴

這些和許多其他「小蟲子」都能進一步分解死的物質，將其轉化為土壤，完成大自然的回收循環。

挖開林地落葉，看看底下的土壤有多深。用手捧起一把土，味道是不是很好聞？

把你在暗處發現的祕密畫／寫在這裡

八月
飲水思源

八月（August）的名稱來自羅馬的奧古斯都皇帝（Augustus Caesar）。大家經常在這個月份去度假。如果你要去旅行或露營，記得帶上你的日誌。假裝你在探索一個廣闊的新地區。想像你和達爾文或路易斯與克拉克同行，你可以當麥哲倫或奧杜邦。這些偉大的探險家和自然觀察家帶回了詳細的報告，以及他們在旅程中蒐集到的未知動植物。這個題材經常形成自然史博物館的基礎，至今仍讓大眾深感興趣。

北半球夏季的炎熱在八月達到頂峰。這個時期也很適合學習有關水的知識，像是夏季降雨以及帶來狂風暴雨的颶風，或是池塘與鹽生沼澤。別忘了還有所有生活在海洋、沙灘、島嶼、河流三角洲和其他水體的動植物。

雨水多麼美麗！
塵土與暑氣消散，
在熾熱大街，在狹窄巷弄，
雨水多麼美麗！
——亨利・沃茲沃思・朗費羅

我的自然觀察筆記

日期：	時間：
地點：	氣溫：
天氣如何？	

月相：	日出時間：
	日落時間：

望向窗外或走到戶外，把你的觀察速記下來、畫圖或描述一個景象。

想要印出更多張？請到 www.storey.com/thenatureconnection.php

自然大蒐祕！

每個月的一開始先來好好觀察四周。出去散散步，尋找新事物，運用你的所有感官搜尋季節線索！挑幾個不同的日子，看看你的答案會不會改變。

你能不能找到……　　　　　　形容你注意到的景象

☐ 唧唧叫的蟋蟀 _____　_____

☐ 帝王蝶 _____　_____

☐ 流星 _____　_____

你還能找到什麼？

☐ _____　_____

☐ _____　_____

☐ _____　_____

☐ _____　_____

☐ _____　_____

☐ _____　_____

☐ _____　_____

☐ _____　_____

☐ _____　_____

本月美景

從你的清單上選一到兩項（或更多！）畫下來或貼上照片

日期：　　　　　　　　地點：　　　　　　　　時間：

無處不在的水

大部分的人都住在水源附近，例如溪流、池塘、噴泉、水庫、河川、湖泊或海洋。在地底下還有驚人的地下水系統，為我們的井和泉注滿水。

你研究過你用的水是哪裡來的嗎？如果你住在城市裡，你用的水由水管輸送，但它是哪裡來的呢？如果你住在郊區或鄉下，可能會有水井，跟我們在佛蒙特州的家一樣。有一年夏天，我們的水井因為長期乾旱而乾涸了，必須借用鄰居家較深的井來飲用和煮飯。我們這才知道應該要節約用水。

你可能聽過別人說：「四處都是水，但一滴也不能喝。」但你知道這句話來自塞繆爾‧泰勒‧柯勒律治（Samuel Taylor Coleridge）寫的一首叫做《老水手之歌》的詩嗎？它描述一艘船被困在平靜無波的海上，水手們雖然被茫茫大海圍繞，卻沒有東西可以喝。為什麼呢？

你知道地球表面有百分之七十一被水覆蓋嗎？

大部分是海洋的鹽水，大量淡水則冰封在冰河以及南北極的冰冠。冰河融化流下來的泉水一直是許多山間村落的重要水源。但隨著冰河消退，有些地區的居民開始面臨缺水問題。

在沙漠中，降雨量很少，就算下了雨也很快蒸發掉。動植物和人類如何適應這些乾旱炎熱的氣候呢？

水從哪裡來？

　　如果你這個月去海邊、湖泊、河流、池塘、游泳池，或是看到打開的消防栓，想一想你用的水是哪裡來的。水以許多不同的形式從天空降下來，像是毛毛雨、傾盆大雨、安靜的霧、吵雜的冰雹、凍結的雪，還有颶風和颱風帶來的狂風暴雨。

住在加勒比海地區的島民以邪惡之神「胡拉坎」（Huracán）來為可怕的暴風命名，這就是「颶風」（hurricane）名稱的由來！

集水區

我們很多人都很有興趣了解自己的集水區。水會經過集水區的土地，往最低的地方流，通常是溪流、河川、湖泊或海洋。每一個生物都是集水區社區的一部分，不管在農地、牧場、高山甚至郊區和城市裡。我們的飲用水通常來自當地的地下水集水區，因此保護這些區域、維繫它們的健康很重要。

八月的天氣變幻莫測，
令人愉悅也可能變得狂暴

八月可以做以下這些活動。看看你能不能在八月底之前全部完成。

☐ 到水族館一遊，學習有關魚類和其他水中生物的知識。如果你看到有人在釣魚，問問他們在釣什麼——鱸魚、翻車魚、梭魚還是螃蟹？

☐ 一邊盪鞦韆，一邊唱有關水的歌曲。鞦韆和吊床都是發明歌曲和唱歌的好地方。長程旅途的車上也是。有很多有關海洋、航行、海上作戰、捕鯨時期以及鯨魚的精彩歌曲，也有關於在海上失去性命以及漫長海上旅程的悲傷歌曲。你可以先聽聽看《爐邊歌曲集》（The Fireside Book of Songs）。

☐ 了解你附近的一條河川或溪流。它往哪個方向流？它的源頭在哪裡？誰取用這裡的水？畫出這條河川或溪流的流域圖。在地圖上找找看以河川或湖泊為界的州。

密西西比河出海前會流經九個州。你知道是哪九個嗎？

鳥類藉由沿河的飛行路徑來決定遷徙方向。

密西西比河
源頭在明尼蘇達北部的野生草原，長度為2351哩，在路易斯安那州出墨西哥灣。想想看卡崔娜颶風對密西西比河沿岸的居民和野生動植物產生多大影響。

□ 用水做實驗。準備幾個不同的容器，像是深瓶子和淺碟子，並裝滿水。

*看看狂風暴雨過後蒐集了
　多少雨水。
*一大早起來查看露水有沒
　有累積。
*每星期記錄水位。
*水要多少時間才會蒸發？

雨量計

2吋

*容器裡開始長出東西了嗎？
*你有看見昆蟲或動物用這些容器喝水
　或洗澡嗎？（不過要小心！我們養的
　狗總是會把我們的實驗喝掉！）

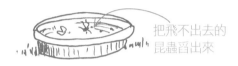

把飛不出去的
昆蟲舀出來

□ 練習打水漂

□ 和家人一起進行一場淡水或鹹水之
旅。帶著你需要的好用工具：收集桶、
望遠鏡、賞鳥指南、勺子、泳衣、蛙
鏡、釣竿和船、獨木舟、小艇或筏。

「貓頭鷹和小貓
咪乘著豌豆綠的
美麗帆船到海上
航行⋯⋯」假裝
你是他們度過一
天！

□ 帶著好書去探索。適合夏天閱讀的書籍有潘姆・康拉德（Pam Conrad）寫
的《佩德羅的日誌》（Pedro's Journal），故事關於一個和哥倫布一起旅行
的男孩。我最喜歡的幾本水上探險小說都是霍林・克蘭西・霍林（Holling
Clancy Holling）寫的，你可以讀讀《划槳到大海》（Paddle to the Sea）和《海
鳥》（Seabird）。

水中生物真奇妙

許多動物一輩子都生活在水中。魚類很明顯就是其中一種，但不管是在淡水還是鹹水，還有很多其他生命型態。淡水包括池塘、湖泊、溪流與河川。你住在這些水體附近嗎？以下是你可以在淡水找到的動物。

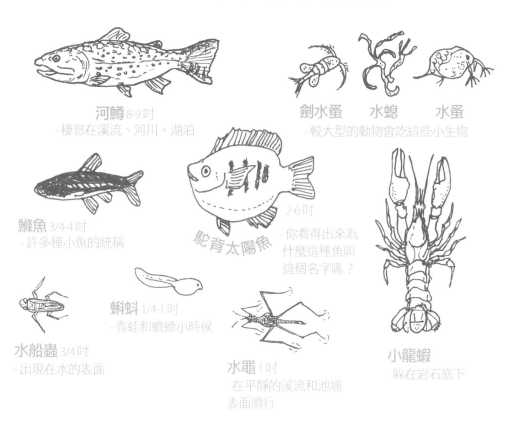

河鱒 8-9吋
-棲息在溪流、河川、湖泊

劍水蚤　水螅　水蚤
-較大型的動物會吃這些小生物

鰷魚 3/4-4吋
-許多種小魚的統稱

駝背太陽魚 2-6吋
-你看得出來為什麼這種魚叫這個名字嗎？

蝌蚪 1/4-1吋
-青蛙和蟾蜍小時候

水船蟲 3/4吋
-出現在水的表面

水黽 1吋
-在平靜的溪流和池塘表面滑行

小龍蝦
-躲在岩石底下

你喜歡吃魚嗎？越來越多人吃越來越多的魚，要找到足夠的漁產也就越來越難了。有一點很重要：我們在吃魚時也須盡一份責任，找出魚的來源以及是否供應充足。到附近的魚市場看看能不能找到答案。

把你發現的水中生物畫在這裡

日期：　　　　　　　　地點：　　　　　　　　時間：

水在哪裡？

到戶外找找看自然中哪裡有水。葉片上是否有水滴？在坑洞裡？葉子底下？還是從水龍頭滴下來？你家附近還有哪些地方可以找得到水？

把你找到水的地方列出來

地點	日期

用水學問大

世界上有很多地區缺水，對居民來說，水是很珍貴的東西。想像一下，如果你飲用、煮飯和洗澡的水都要受限，會是什麼情形。你在這個月因為雨天被困在室內的時候，可以思考以下這幾個問題。

首先，把你用水的方式全部列出來

你知道你轉開水龍頭或沖馬桶時用的水是哪裡來的嗎？你的家有水井嗎？你住在溪流、河川、池塘、湖泊或海洋附近嗎？查查看你家的水是哪裡來的，又會流到哪裡去。

比較看看你沖澡和泡澡各自用了多少水。哪一種方式比較耗水：用洗碗機還是用手洗碗？洗一桶髒衣服要用多少水？不同類型的洗衣機用水量也會不同嗎？

至關重要的濱海地區

　　海岸邊緣的河口、溼地、沙灘和泥灘都有豐富的自然生物。潮汐形成的泥灘和淺灘是許多魚類和其他水生動物繁殖和產卵的地方。數千隻鳥、大型魚類和其他動物會在此覓食和茁壯。這些地區在春天和夏末是候鳥遷徙途中重要的「超級市場」。此時大量繁殖的微小海洋生物會出現在沿岸，成為鯨魚、海豚和鯊魚的重要食物來源。

三趾鷸沿著海岸南北遷徙，在加拿大極地築巢、墨西哥灣沿岸過冬。牠們 7 又 1/2 寸長的身體在中途必須補充體力，會吃沙蟲、微小的昆蟲幼蟲以及甲殼類動物。

地球有四大洋：太平洋、大西洋、印度洋和北冰洋；還有四大海：地中海、黑海、紅海以及裏海（洋和海有什麼不同？查查看！）。

鹹水動物

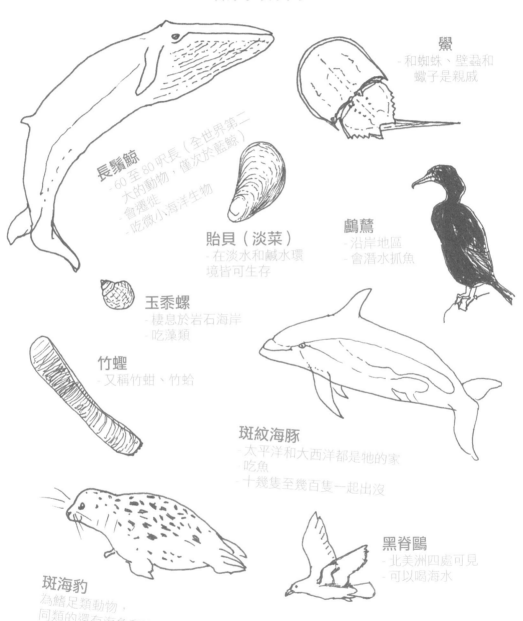

鱟
- 和蜘蛛、壁蝨和
　蠍子是親戚

長鬚鯨
- 60 至 80 呎長（全世界第二
　大的動物，僅次於藍鯨）
- 會遷徙
- 吃微小海洋生物

貽貝（淡菜）
- 在淡水和鹹水環
　境皆可生存

鸕鷀
- 沿岸地區
- 會潛水抓魚

玉黍螺
- 棲息於岩石海岸
- 吃藻類

竹蟶
- 又稱竹蚶、竹蛤

斑紋海豚
- 太平洋和大西洋都是牠的家
- 吃魚
- 十幾隻至幾百隻一起出沒

斑海豹
為鰭足類動物，
同類的還有海象和海獅

黑脊鷗
- 北美洲四處可見
- 可以喝海水

度假也不忘寫日誌

準備你的度假自然包，就算去度假也能做紀錄，回家可以秀給朋友們看。參考第九頁的裝備清單。記得帶圖鑑幫助你畫畫。

每天花一點時間快速寫下幾個筆記和觀察，假裝你要把度假的所見所聞寫成報告給親朋好友看。

打造屬於你的珍奇櫃

把你到海邊、岩岸、池塘、森林或草地進行戶外探險時撿到的東西蒐集起來。在你把活植物帶回家之前，先到附近的自然中心或奧杜邦學會詢問是否合乎當地法規，以及有沒有不該採集的瀕臨絕種植物。

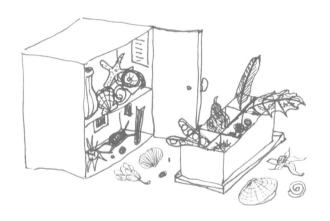

19 世紀的自然觀察家，像是約翰‧詹姆斯‧奧杜邦、路易‧阿加西、約翰‧古爾德、威廉‧巴特蘭和亨利‧大衛‧梭羅，都稱這些收藏品為「珍奇櫃」（cabinet）。這些自然觀察家和他們的著作以及收藏品相當受到大眾欣賞。

把你的收藏品擺好黏在小紙箱或蛋盒裡，做為展示。鞋盒也可以。用一般的白膠即可。為每個物品貼上標籤。

度假自然筆記

日期	天氣	今日所見所聞

你可能會喜歡這幾本書：由薇吉妮亞．萊特費萊爾森（Virginia Wright-Frierson）寫的《島嶼剪貼簿》（An Island Scrapbook）和《沙漠剪貼簿》（A Desert Scrapbook），她跟你一樣蒐集物品

睡在星空下

八月很適合在戶外過夜。搭個帳篷或舖個野餐墊、幾條毯子和枕頭。我的孩子還小的時候，我們常常這麼做。一醒來看見日出，體會到太陽每天早晨和今天都一樣升起，是很棒的一件事，你正在見證每一分鐘！

* 傾聽動物和無害的昆蟲在夜晚發出的沙沙聲。你可能會在深夜聽見鳥兒啾啾聲和一隻青蛙的嘓嘓聲。或是一大群青蛙震耳欲聾的合唱，以及讓你耳邊嗡嗡響的蟋蟀、蚱蜢和蟬的唧唧聲。

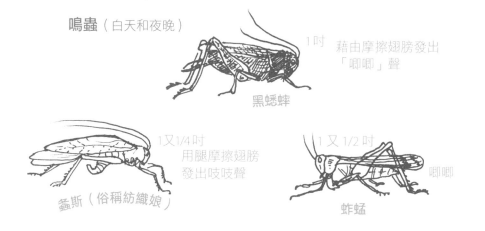

鳴蟲（白天和夜晚）

1吋　藉由摩擦翅膀發出「唧唧」聲

黑蟋蟀

1又1/4吋　用腿摩擦翅膀發出吱吱聲

螽斯（俗稱紡織娘）

1又1/2吋　唧唧

蚱蜢

* 查查有關週期蟬的資料（別跟蝗蟲搞混了，蝗蟲其實是一種蚱蜢）。這些蟬有著非常有趣和不尋常的生命週期。牠們會住在地底下很多年，然後全部一湧而出交配產卵，再開啟下一個週期。

蟬
1又1/2至2吋

在大熱天爬到樹上發出知了知了聲

* 把白色床單掛在曬衣繩或灌木叢上。用
  手電筒或燈籠照著它，耐心等候，看看
  有什麼夜間昆蟲會被光線吸引過來（或
  是觀察在你的手電筒附近飛來飛去的昆
  蟲）。你甚至可能會看到正在找晚餐吃
  的蝙蝠飛過來！
* 星空燦爛。查查看流星雨何時會出現，或是這個月在你的夜空中最閃亮
  的是哪些行星和星座。英仙座流星雨通常出現在八月初到八月中。

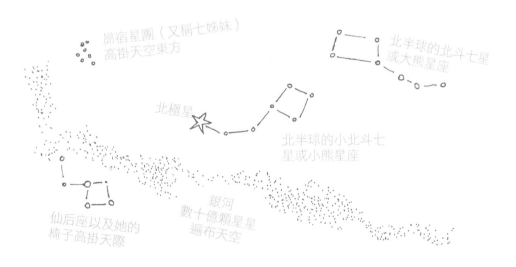

* 藉著火光或手電筒的光讀一個故事。鬼故事往往最受歡迎！或是讀一些
  有關夜晚的民間故事。你也可以找到很多有關動物和牠們在夜晚活動的
  精彩故事。
* 如果有營火晚會，別忘了帶棉花糖巧克力夾心餅！

九月

變化來臨

九月（September）是充滿開始和結束的一個月，也是羅馬曆的第七個月份（「septem」在拉丁文為「七」的意思），因為羅馬曆原本只有十個月（第122頁有更多介紹）。

夏季接近尾聲。師生返校。日落變早、日出變晚。有些花朵和葉子正在枯萎，但各種植物還是欣欣向榮。有些樹上的葉子開始變色。某些地區依然處在炎熱夏日，即使到了九月依然悶熱。其他地區則是可能在早晨結霜。

在自然界，越來越少的日照代表活動趨緩。有些鳥類開始遷徙，許多動物忙著覓食、儲存食物和尋找冬天的家。九月的滿月有時被稱作是「收穫月」，因為此時通常是趕在秋天殺霜前收割農作物的最後時機。

蟋蟀覺得自己有責任
警告大家夏季不會一直都在。
即使是在一整年最美好的一天，
蟋蟀還是散播著悲傷和改變的謠言。

——E.B. 懷特

我的自然觀察筆記

日期：	時間：
地點：	氣溫：
天氣如何？	

月相：	日出時間：
	日落時間：

望向窗外或走到戶外，把你的觀察速記下來、畫圖或描述一個景象。

想要印出更多張？請到 www.storey.com/thenatureconnection.php

自然大蒐祕！

　　每個月的一開始先來好好觀察四周。出去散散步，尋找新事物，運用你的所有感官搜尋季節線索！挑幾個不同的日子，看看你的答案會不會改變。

你能不能找到……　　　　　　　形容你注意到的景象

☐ 在頭上飛過的小鳥

☐ 把橡實藏起來的松鼠

☐ 灌木上的紅莓

你還能找到什麼？

☐

☐

☐

☐

☐

☐

☐

☐

本月美景

從你的清單上選一到兩項（或更多！）畫下來或貼上照片

日期：　　　　　　　地點：　　　　　　　時間：

草不僅僅是草坪

當我們聽到「草」這個字，往往會想到綠色的草坪，但草可以生長在世界上任何地方，像是沼澤、高山、熱帶地區、沙漠以及城市裡的空地和人行道縫隙。北美洲仍有一大片土地為大草原，雖然面積已遠比幾百年前少了。還好中西部州有許多保育組織正在復原這些地區。

草是許多動物的重要食物來源，包括人類。很意外吧？你覺得你早餐吃的麥片和三明治麵包是哪裡來的？小麥、燕麥、大麥、黑麥、稻米和玉米全都是草，我們收割這些種子，稱之為穀物。馬、牛和羊一整年都吃草或乾草（乾草是收割後曬乾的草，經過冬天也不會壞）。

你看過兔子或馬嚼著草或乾草吃嗎？

許多野生動物也吃草，包括兔子、老鼠、叉角羚、野牛和草原犬鼠（俗稱土撥鼠）等。池塘和沼澤邊的草地或草叢是許多種魚類、甲殼類動物、鳥類、昆蟲和哺乳類動物的重要庇護所。

有一次我的朋友蘿倫・布朗來佛蒙特州拜訪我。她寫過一本名為《認草指南》（Grasses – An Identification Guide）的書。不到一小時，她就在我們家附近的草地上認出了超過 30 種不同的草。我不斷把它們畫下來，但趕不上她認出來的速度！

了解你附近的草

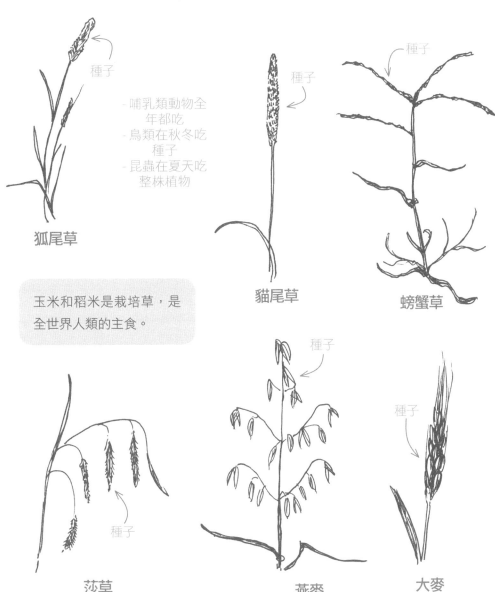

種子

- 哺乳類動物全
  年都吃
- 鳥類在秋冬吃
  種子
- 昆蟲在夏天吃
  整株植物

種子

種子

狐尾草

貓尾草

螃蟹草

玉米和稻米是栽培草，是
全世界人類的主食。

種子

種子

種子

莎草

燕麥

大麥

225

享受自然的美好時刻！

九月可以做以下這些活動。看看你能不能在九月底之前全部完成。

___

□ 選一種你在這個夏天觀察過的鳥類，研究牠的習性，並寫出一份報告。如果牠會遷徙，也把牠的遷徙路線圖包含進去。畫出公鳥和母鳥以及牠們的蛋和巢。你想要的話，甚至也可以做出 3D 模型。

___

□ 到戶外跟朋友玩。你們可以跳繩、騎腳踏車、撿樹枝和石頭蓋小房子或是在小溪裡築水壩。在夏季的尾聲到戶外盡情玩耍吧！

在河邊或海邊堆石堆

為天竺鼠蓋一個小小的家

看看英國雕塑家安迪‧高茲渥斯（Andy Goldsworthy）的書來尋找藝術點子

___

□ 蒐集一堆不同大小和形狀的岩石。岩石很酷，歷史很悠久。了解你居住地區的地質概況。找一個堅硬的表面（人行道或是又大又平的石頭），試著以鐵鎚或大一點的石頭把岩石敲破。你敲了之後有什麼變化？裡面是什麼模樣？小心別敲到自己的手指！

你能不能找到

北斗七星／大熊星座
（雖然為這個星座命名的人知道
熊沒有長長的尾巴）

□ 到天文台一遊。如果你家附近有天文台（到大專院校查查看），他們經常會舉辦公開的觀星之夜，特別是在有很酷的天文現象發生時，像是彗星或月食。

□ 然後你可以寫一個有關天空的故事；研究一顆行星或一個星座，或是把黑夜畫下來。

□ 觀察四處奔波的昆蟲。牠們在這個時節大快朵頤。黃蜂會突然冒出來，常常趁我們在戶外吃東西時追著我們的三明治、果汁或水果跑。別害怕也不要打牠們。只要你仔細觀察，搞不好就會看到其中一隻昆蟲吸花蜜或清潔牠的嘴和腳。

□ 窩著讀一本好書。推薦你蓋文・麥斯威爾（Gavin Maxwell）寫的《明水之環》（Ring of Bright Water）（有關一對活潑水獺的真實故事）；法利・莫瓦特（Farley Mowat）寫的《狼蹤》（Never Cry Wolf）（和阿拉斯加狼群的大冒險）；以及喬瑟夫・布魯夏克（Joseph Bruchac）與麥可・卡杜托（Michael Caduto）寫的《動物看守人：美洲原住民故事以及兒童野生動植物活動》（Keepers of the Animals: Native American Stories and Wildlife Activities for Children）。

結成種子

　　冬天來臨的腳步加快，許多植物正在迅速結成種子而非開花。種子讓植物到了下一個年度還能生存，也是動物在秋冬季節重要的食物來源。種子的形態百百種，從微小的罌粟子到巨大的椰子無奇不有。

　　你知道核桃和橡實等堅果都是種子嗎？所有水果都有種子，像是杏仁、蘋果甚至是香蕉。草則有漂亮的種子頭（第 224 至 225 頁有更多介紹）。

相關活動

* 你可以找到幾種不同的種子？找找看乳草、金針、野生酸蘋果、向日葵和各種草。
* 蒐集一堆種子放入珍奇櫃（參考第 216 頁）或用蛋盒分類。你也可以用膠水把它們黏在海報板上。別忘了標示名稱。
* 找較大顆的種子，看看你能把它們丟得多遠。

野生酸蘋果
幫助這些動物過冬：
- 鹿
- 火雞
- 熊
- 豪豬
- 老鼠
- 知更鳥
- 雪松太平鳥

乳草種子被風吹到新的地方。

美麗的白石竹花搖曳著，讓乾掉的莢上面的種子飛散出去。

搭便車的種子會從花上把自己黏到路過的動物身上，藉此移動到新的地方。

橡實會被松鼠、花栗鼠、冠藍鴉、一些昆蟲和熊吃掉或儲藏起來。

把你找到的種子畫在這裡

鳥類知道哪些水果含有較高的糖分和碳水化合物！野葛莓、野櫻桃、朴樹和秋橄欖含有很高的脂肪，對往南遷徙的鳥類來說是重要的食物來源。

日期： 地點： 時間：

準備過冬

當日照減少到某一個量，自然界的鬧鐘就會響起。開花植物把精力放在結種子，樹木降低生產食物的速度，在許多情況下準備掉葉。

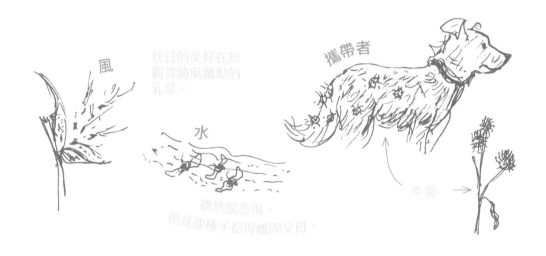

風

秋日的美好在於觀賞隨風飄動的乳草。

水

雖然很悲傷，但就連種子都得離開父母。

攜帶者

牛蒡

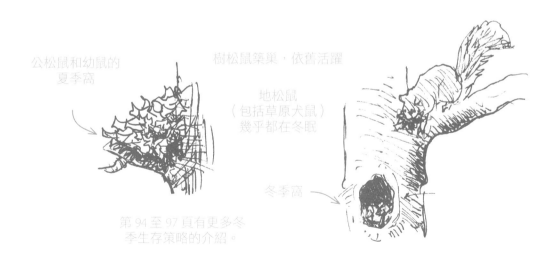

公松鼠和幼鼠的夏季窩

樹松鼠築巢，依舊活躍

地松鼠（包括草原犬鼠）幾乎都在冬眠

冬季窩

第 94 至 97 頁有更多冬季生存策略的介紹。

　　鳥類在九月也很忙碌。不是所有鳥類都會遷徙，但很多種會。你可以看到牠們大量集結或飛越天際。

南方
或
東南方
或
西南方
總之是
往南

會遷徙的幾種候鳥：
（順序由上而下）
- 燕子　　　- 各種鴨子
- 蜂鳥　　　- 某些麻雀
- 鶯　　　　- 藍鳥
- 綠鵑　　　- 菲比鳥

牠們怎麼知道要飛去哪裡？

牠們不會撞到對方！

烏龜蟄伏（蟄伏是一種介於睡眠及完全冬眠的狀態）

　　蟾蜍、烏龜、青蛙、蛇、蠑螈和蜥蜴都在木頭底下、池塘裡或落葉層深處尋找適合的藏身地，可以讓牠們整個冬天靜靜的躺著。有些動物在冬天甚至會凍結呢！

沙漠有冬天嗎？

我們這種不住在沙漠裡的人，可能以為沙漠永遠都是又熱又乾，而大部分時間的確也是如此。不過，在冬季月份，溫度會降低，也可能會下更多雨。沙漠是降水量（下雨和下雪）極為稀少的地區。大部分的沙漠都很炎熱晴朗，但格陵蘭和南極有很寒冷的沙漠。住在這種嚴酷環境裡的動植物以許多有趣的方式適應，研究看看你會發現什麼！

動物活動

　　你在九月注意鳥類和其他動物的活動時，想一想某一種動物如何準備過冬。可以的話，觀察這個動物幾天，把牠的行為寫下來，也把牠在這個月做的事照下來或畫出來。最後查資料將你的觀察補足。

東部花栗鼠
收集堅果、水果、種子（從我們的餵鳥器）並貯藏在地底下過冬。

狼蛛
- 拖著卵囊
- 寶寶孵化後會爬到媽媽背上，待在那裡好幾天。

蟋蟀
- 叫聲變少了
- 雌蟋蟀會將身體後面狀似魚叉的產卵管插入土中產卵。

白尾鹿
長出厚厚的毛皮並增加體重以過冬。

知更鳥
現在有更多知更鳥在東北部過冬。可能是因為冬天變暖，但也是因為有更多人種了果樹。知更鳥不吃鳥飼料。

把你觀察到的動物活動筆記寫在這裡，並畫下來／貼上照片

日期：　　　　　　　地點：　　　　　　　時間：

夜晚出門散散步

在夜晚出門會改變我們認知所處環境的方式。天黑後到你的社區附近走走。邀家人一起加入。如果你覺得緊張就牽著手。你想要的話也可以帶手電筒（你甚至可以蒙著眼睛，但要有人幫你帶路）。

你可以出門短短十分鐘或長達一整個小時。注意每一個你看到、聽到或聞到的東西。回家後把感想寫在這裡。

透明綠的翅膀

雪白樹蟋
藉由摩擦翅膀發出
「噗噗」聲

天色有多暗？伸手不見五指還是月亮提供了光線？

_____

_____

你聽見什麼聲音？

_____

_____

你注意到什麼味道？

_____

_____

寫下你在夜晚走路的感想

把你注意到的夜間樣貌畫出來

迎接秋分

　　日出日落在這個月有大的改變。在我住的地方，從九月一日到三十日少了總共八十一分鐘的日照。九月中迎來了秋分，此時白天和黑夜大致上一樣長（各十二小時）。

　　世界各地在這個時節有幾天的日照時間都一樣長，跟三月的春分狀況相同（請見第 126 頁）。從現在開始，北半球的白天變得比晚上短，南半球則相反。

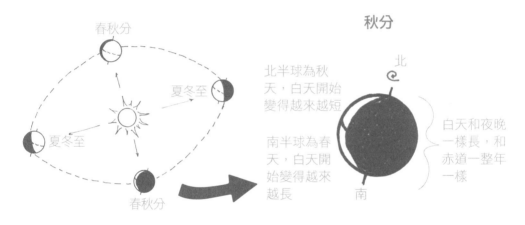

春秋分

夏冬至

夏冬至

春秋分

秋分

北半球為秋天，白天開始變得越來越短

南半球為春天，白天開始變得越來越長

北

南

白天和夜晚一樣長，和赤道一整年一樣

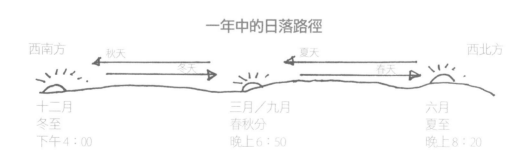

一年中的日落路徑

西南方　　　　　　　　　　　　　　　　　　　　　西北方

秋天

冬天

夏天

春天

十二月
冬至
下午 4：00

三月／九月
春秋分
晚上 6：50

六月
夏至
晚上 8：20

太陽的高度會決定我們在任
一季節接受到的日照。

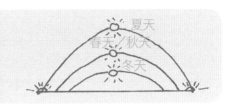

測量太陽的變化

下午3：00太陽和影子的位置

　　在室外的地上架一根柱子。隨著
日子一天一天過去，記錄影子有什麼
變化。盡量固定在每天同一個時間測
量。你可以用顏料做標記，或是立一
連串較小的柱子。

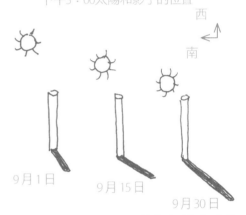

9月1日

9月15日

9月30日

　　對許多動植物來說，太陽在天空
的位置會大大影響牠們在下一個生命
階段該怎麼走。科學家還不是很清楚這個機制如何運作，但他們知道秋分的
來臨會促使鳥、蝴蝶和鯨魚遷徙，讓動物貯藏食物、交配、產卵以及產生其
他行為上的變化。植物對於日照變少的反應則是釋放種子、改變葉子顏色和
枯萎。

南

隨著日照減少，在你附近有誰正卯起來進
食、貯藏食物或更移動到更溫暖的地方？

237

十月

最後一搏

在十個月為一年的羅馬曆中，十月（October）是第八個月（「octo」在拉丁文是「八」的意思）。住在遙遠北方的古盎格魯撒克遜人稱之為「冬滿月」（Winterfylleth），因為據說冬天會在這個月的滿月到來。

在北歐的凱爾特地區，居民會在十月三十一日慶祝農業年度的結束以及新年的到來。各地的部落會聚集在一起，進行為期三天的薩溫節（Samhain）慶典，在蓋爾語是「年終」的意思。家人團聚在一起祭拜死者、交易牲畜和點火來除舊迎新。

這個重要的凱爾特節日到後來演變為我們今日的萬聖節前夕（Halloween）（意指「神聖之夜」，發生在「萬聖節」（All Saint's Day）前一晚）以及亡靈節（Dia de losMuertos）（意指「死者之日」，紀念逝去的親人）。

觀察自然，
你就能更加了解世上一切事物。
——愛因斯坦

我的自然觀察筆記

日期：	時間：
地點：	氣溫：

天氣如何？

月相：	日出時間：
	日落時間：

望向窗外或走到戶外，把你的觀察速記下來、畫圖或描述一個景象。

想要印出更多張？請到 www.storey.com/thenatureconnection.php

自然大蒐祕！

　　每個月的一開始先來好好觀察四周。出去散散步，尋找新事物，運用你的所有感官搜尋季節線索！挑幾個不同的日子，看看你的答案會不會改變。

你能不能找到……　　　　　　　形容你注意到的景象

☐ 鳴叫的冠藍鴉　＿＿＿＿＿＿＿＿＿＿＿＿＿＿＿＿＿＿＿＿＿

☐ 紅色和黃色的葉子　＿＿＿＿＿＿＿＿＿＿＿＿＿＿＿＿＿＿＿

☐ 早晨的露水　＿＿＿＿＿＿＿＿＿＿＿＿＿＿＿＿＿＿＿＿＿＿

你還能找到什麼？

☐ ＿＿＿＿＿＿＿＿＿＿＿＿＿＿＿＿＿＿＿＿＿＿＿＿＿＿＿＿＿

☐ ＿＿＿＿＿＿＿＿＿＿＿＿＿＿＿＿＿＿＿＿＿＿＿＿＿＿＿＿＿

☐ ＿＿＿＿＿＿＿＿＿＿＿＿＿＿＿＿＿＿＿＿＿＿＿＿＿＿＿＿＿

☐ ＿＿＿＿＿＿＿＿＿＿＿＿＿＿＿＿＿＿＿＿＿＿＿＿＿＿＿＿＿

☐ ＿＿＿＿＿＿＿＿＿＿＿＿＿＿＿＿＿＿＿＿＿＿＿＿＿＿＿＿＿

☐ ＿＿＿＿＿＿＿＿＿＿＿＿＿＿＿＿＿＿＿＿＿＿＿＿＿＿＿＿＿

☐ ＿＿＿＿＿＿＿＿＿＿＿＿＿＿＿＿＿＿＿＿＿＿＿＿＿＿＿＿＿

☐ ＿＿＿＿＿＿＿＿＿＿＿＿＿＿＿＿＿＿＿＿＿＿＿＿＿＿＿＿＿

☐ ＿＿＿＿＿＿＿＿＿＿＿＿＿＿＿＿＿＿＿＿＿＿＿＿＿＿＿＿＿

本月美景

從你的清單上選一到兩項（或更多！）畫下來或貼上照片

日期：　　　　　　　　地點：　　　　　　　　時間：

為什麼葉子會變色？

　　會落葉和變色的樹木稱為落葉樹。當白天變短、溫度下降，這些樹的「電腦晶片」就會啟動，樹枝會停止供水給樹葉。葉子中的葉綠素不再製造養分。主要的綠色分解，開始顯現黃色（葉黃素）、紅色（花青素）和橘色（胡蘿蔔素）。你看見的褐色則是橡樹、山毛櫸和懸鈴樹的樹葉死去後留下來的化學物單寧。

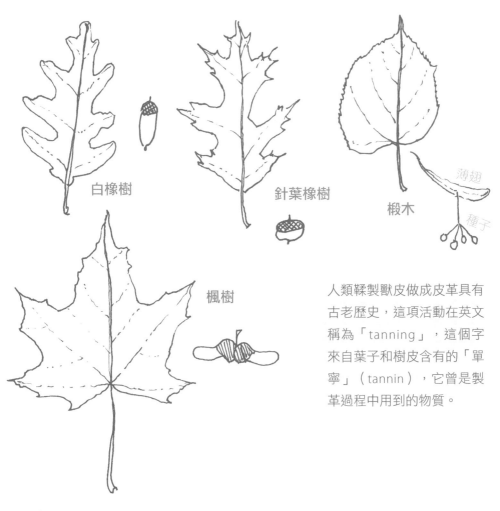

白橡樹

針葉橡樹

椴木

薄翅

種子

楓樹

人類鞣製獸皮做成皮革具有古老歷史，這項活動在英文稱為「tanning」，這個字來自葉子和樹皮含有的「單寧」（tannin），它曾是製革過程中用到的物質。

常綠闊葉樹在整個冬天會留住葉子並維持綠色，緩慢的替換樹葉，像是杜鵑花、山月桂、棕櫚和南方活橡。注意它們具有蠟質的厚葉片。這些樹木很多都生長在溫度鮮少降到零度以下的地區。其他則存活於沙漠氣候。

鋸棕櫚

加州
海岸活橡

杜鵑花

天氣冷的時候樹葉會捲起

針葉樹像是松樹、雲杉、雪松和側柏會長出球果而非花朵，並靠針葉度過寒冬。這些針葉的表面積很小，樹液含有一種防凍劑。針葉樹的樹枝可彎曲，足以抵擋強風暴雪。

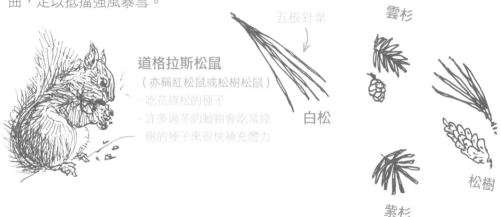

五根針某

雲杉

道格拉斯松鼠
（亦稱紅松鼠或松樹松鼠）
- 吃花旗松的種子
- 許多過冬的動物會吃常綠
  樹的種子來很快補充體力

白松

紫杉

松樹

在狂風暴雨之中，落葉樹和常綠樹哪一個掉的樹枝比較少？

243

畫葉子

　　畫葉子很好玩，因為它們有各式各樣的大小和形狀。基本上分為兩類：單葉和複葉。單葉的每支葉柄上只有連接一片葉子，複葉則有好幾個小葉片。在這兩個種類當中，還有多到數不清的形態。看看你能找到幾種！

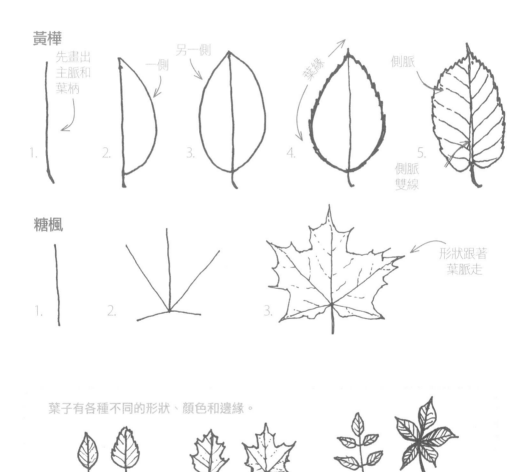

黃樺

1. 先畫出主脈和葉柄
2. 一側　另一側
3.
4. 葉緣
5. 側脈　側脈雙線

糖楓

1.
2.
3. 形狀跟著葉脈走

葉子有各種不同的形狀、顏色和邊緣。

單葉　　裂葉　　複葉

把你撿到的葉子畫在下面

日期：　　　　　　　地點：　　　　　　　時間：

十月要待在室內很難！

十月可以做以下這些活動。看看你能不能在十月底之前全部完成。

☐ 種下球莖，為春天做準備。此刻是最佳時機，天氣還不會太冷，土壤還沒有變硬。我們會種番紅花、水仙花、雪花蓮、海蔥和鬱金香。種球莖很簡單。你可以製作花園栽培床或直接種在草皮裡。球莖是植物貯藏冬天食物的部位，會快樂的在地下過冬，並在春天來臨時發芽茁壯。

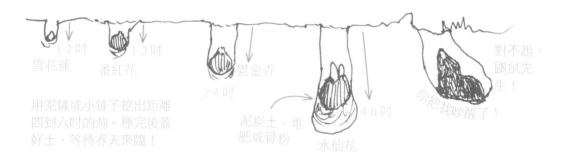

1-2吋
雪花蓮

1-2吋
番紅花

鬱金香
2-4吋

對不起，
鼴鼠先
生！

你把我吵醒了！

用泥鏟或小鏟子挖出距離四到六吋的洞。種完後蓋好土，等待春天來臨！

泥炭土、堆肥或骨粉

4-6吋

水仙花

☐ 搜集各種葉子和種子，製作一個藝術品。
  ＊ 用蛋彩顏料或印表機墨水製作樹葉印花。
  ＊ 把樹葉畫在或描到紙上並著色。
  ＊ 用幾本厚厚的書壓住樹葉幾天，再做成拼貼畫或貼到你的日誌上。
  以兩張蠟紙夾住你擺好的樹葉圖案，用熨斗燙過（使用低溫！）或是黏在透明的卡點西德紙之間，掛在窗戶上。

□ 跟幾個朋友把落葉耙成一座小山，
然後跳進去。弄平之後再重新耙。

　　＊ 把彼此埋進葉子裡！

　　＊ 主動幫忙一位年長的鄰居或親戚
　　　掃落葉。

　　＊ 用掉落的樹枝（別從樹上折
　　　斷）、大量葉子和其他材料蓋一
　　　個棚子。

　　＊ 在你家的院子裡留一堆樹枝，做
　　　為鳥類和其他野生動物的冬天庇
　　　護所。

□ 在橋上玩「樹枝漂流」遊戲。如果你不知道怎麼玩，可以讀一讀艾倫・亞
歷山大・米恩（A.A. Milne）寫的《小熊維尼和老灰驢的家》（The House at
Pooh Corner）裡面的描述。然後到網路上觀看「樹枝漂流世界大賽」！

□ 窩著讀一本好書。珍・克瑞赫德・喬琪（Jean Craighead）所
寫的《山居歲月》（My Side of the Mountain）與《芙萊佛的
山》（Frightful's Mountain）描述一名男孩獨自生活在樹林
裡，並和一隻老鷹成為朋友的故事。

我最愛的樹

　　當你漫步在你的社區時，注意生長在周遭的樹木。選一棵你可以定期造訪的樹，看著它在四季中的變化。花一些時間好好觀察它。檢視樹皮，研究葉子或針葉的形狀，並注意樹枝怎麼從樹幹上長出來。

垂柳

白橡樹

挪威雲杉　　　　紅雪松

找一本樹木圖鑑來更加了解你的樹，並做為畫圖參考。我使用喬治・A・佩特里迪斯（George A. Petrides）寫的《東部樹木》（Eastern Trees）以及大衛・史伯利（David Sibley）寫的《史伯利樹木圖鑑》（The Sibley Guide to Trees）。

在這裡畫下你的樹

日期： 地點： 時間：

什麼是苔蘚？什麼又是真菌？

你在陰暗潮濕的地方看到的一片片苔蘚，是由數千個微小植物組成的。苔蘚需要水滴才能生長繁殖，因為它們沒有根，無法運輸土壤裡的水。它們藉由散布在一塊區域來協助保持土壤潮濕。大部分的苔蘚看起來和摸起來都柔軟蓬鬆，但它們的表面有一層蠟質，防止水分流失。

真菌是一種不同於植物、動物和細菌的生物類別。真菌對自然界的分解循環和有機物質回收來説極為重要。這一類的生物包括黴菌和酵母，但我們最為熟悉的是菇類，它們以許多不同形式生長在世界各地。

有菌褶的菇

有細孔的菇

你看到長在地面上的部分稱為「子實體」。它有微小的細根連接土壤或朽木以獲取養分。

有些真菌的名字直接描述出它們的樣子

許多菇類都可以食用，但有幾種含有劇毒。千萬別吃野菇，除非知識豐富的大人説沒問題！

你猜得出來哪一個是「火雞尾菇」，哪一個又是「珊瑚菇」嗎？

認識「地衣」

地衣是原始又古老的植物。它們是由真菌和藻類組成的共生生物，共生的意思是兩種生物緊密生活在一起，互助合作。在地衣的例子中，真菌提供外部構造，而藻類生產養分。地衣會分解它們所附著的岩石和樹木，最終創造出土壤，提供更多生命養分。

我參考《無花植物黃金指南》（Golden Guide to Non-Flowering Plants）畫出這些範例圖。

殼狀地衣（平坦）
1 至 3 吋

喇叭石蕊

湯匙地衣

馴鹿地衣

莖狀地衣（形同灌木）
1 至 1 又 1/2 吋

灰白盾地衣

巨礫地衣

葉狀地衣（形同葉片）
1 至 5 吋

蕨類

蕨類是另一類完全不同的植物。它們在世界各地都可以生長，但跟苔蘚一樣，大部分的種類都偏好陰暗潮濕的地點，而且經常出現在森林的環境中。蕨類有根可以從土壤中獲得養分，但比較不尋常的是它們不會長出花和種子，而是以孢子進行繁殖。這些孢子長在不同的莖上或樹葉底下，會掉落地面或釋放到空氣裡。

孢子
（子莖）

蕨葉

儲存食物好過冬

動物整個秋天都在忙著進食以儲存過冬的能量，有些動物甚至會搜集食物貯藏起來以後再吃。人類也一樣在收割作物，做貯藏的準備。這個季節充滿豐收慶典和鄉村市集。

現代的雜貨店有來自全球的商品，我們似乎不必再擔心沒有食物可過冬。但如果你環顧家裡的廚房四周，就會發現許多食物的保存方法來自我們的老祖宗，例如爆米花、葡萄乾和其他果乾、果醬和酸甜醬以及泡菜。

你還可以想出哪些例子？

豐收慶典到來

　　這個月是收成作物以準備度過漫漫長冬的時期。美國傳說中的第一個感恩節大餐其實是在一六二一年的初秋慶祝。十一月對許多作物來說已經太冷或太晚收成，當地的萬帕諾亞格部落早就回到內陸的冬天居所，也就是今日的羅德島。現在我們依然會像四百年前一樣，準備類似的食物來感謝家人、健康與豐收。

蘋果

這些食物都是夏末的農產品做成的，大部分都可以儲存過冬。
我們透過食物和過去產生連結！

蘋果、梨子和葡萄酒

各種水果做成的派

玉米

各種夏末南瓜

果醬、果凍和蜜餞

肉派–雞肉和火雞肉

葡萄乾、梅乾、蘋果（果乾）

十一月

回歸靜默

你從九月和十月的名稱由來應該可以猜得出來，十一月（November，來自拉丁文「novem」，為「九」的意思）是羅馬曆的第九個月。在北半球，戶外的世界歸於長長的靜默和休息，如同人類進行完一天的活動之後會睡覺一樣，大自然也需要休身養息。

對自然界的許多動植物來說，這個月是重要的休眠與妊娠期。隨著冬天到來，樹林和田野更容易進入，打獵是北美洲許多地區在十一和十二月份的熱門活動。看你住在什麼地方，獵人可能會尋找松雞、松鼠、麋鹿、兔子、鹿、火雞甚至是熊的蹤跡。

有些人打獵僅僅是為了消遣，但也有許多人打獵是為了食物和收入，並將這個活動視為傳統，一代一代傳承下去。很多獵人和打獵組織像是野鴨基金會（Ducks Unlimited）便積極參與土地和野生動物的保護行動。

> 這個拉科塔人是真正的自然觀察家，愛好自然。
> 他熱愛大地以及和大地有關的一切事物……
> 與所有地面、天上和水裡的生物維持
> 親緣關係是一項真實且積極的原則。
> ——路德・斯坦丁・貝爾酋長

我的自然觀察筆記

日期：	時間：
地點：	氣溫：
天氣如何？	

月相：	日出時間：
	日落時間：

望向窗外或走到戶外，把你的觀察速記下來、畫圖或描述一個景象。

想要印出更多張？請到 www.storey.com/thenatureconnection.php

自然大蒐祕！

　　每個月的一開始先來好好觀察四周。出去散散步，尋找新事物，運用你的所有感官搜尋季節線索！挑幾個不同的日子，看看你的答案會不會改變。

你能不能找到……　　　　　　形容你注意到的景象

☐ 晚上開的花　　　　　　　　_____

☐ 水窪上結的冰　　　　　　　_____

☐ 冷颼颼的寒風　　　　　　　_____

你還能找到什麼？

☐ _____　　　　　　_____

☐ _____　　　　　　_____

☐ _____　　　　　　_____

☐ _____　　　　　　_____

☐ _____　　　　　　_____

☐ _____　　　　　　_____

☐ _____　　　　　　_____

☐ _____　　　　　　_____

☐ _____　　　　　　_____

本月美景

從你的清單上選一到兩項（或更多！）畫下來或貼上照片

日期：　　　　　　　　地點：　　　　　　　　時間：

觀察周遭的地質環境

地質學是一門研究地球的學問。如果你想更加了解你腳下和周遭的土地，該去哪裡學習呢？就從你所在之處開始吧，觀察家裡後院、社區的石頭或鵝卵石。它們從何而來（你知道瀝青也是石頭嗎？它由砂岩和石油混合而成）。

科學家認為地球已經四十六億歲左右。山峰丘陵看起來好像永遠都在那裡，但地質其實會隨著時間慢慢改變。現在比西部洛磯山脈小很多的新英格蘭山脈，過去曾經跟聖母峰一樣高。

一哩高的冰河曾經覆蓋地球大片區域，雕刻出各式各樣的地形。海洋裡的火山爆發則形成島嶼；世界許多地區仍有活火山正在改變地貌。

一顆怪石

在波士頓的一座校園裡，我和學生發現了一顆叫做「羅克斯伯里圓礫岩」的黑色岩石露出地面的部分，模樣像起泡一樣很有趣。它在數百萬年前因火山活動形成，經消退的冰河冷卻，再與河川的石頭混合，最後深深埋入地底下。

羅克斯伯里
圓礫岩

礦物

石英、銅、滑石、雲母、石榴石和黃金都是岩石的幾種基本構造。

石英
由六邊形晶體組成

以下是幾種你可以更加了解的岩石類別。找一本地質主題的書籍（我喜歡法蘭克・羅德斯（Frank Rhodes）寫的《地質學黃金指南》（Golden Guide to Geology）。四處探索時可以蒐集各地不同的岩石、石頭和鵝卵石。把它們敲開來看看裡面是什麼模樣，試著分辨出它們是哪一類。

沉積岩

沙子、鵝卵石、貝殼和其他地球表面物質經年累月膠結在一起。沉積岩層通常是發現化石的好地方。

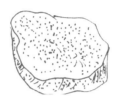

砂岩是由沙子構成的，你知道嗎？

變質岩

沉積岩被層層埋入地底下，受到地球高溫高壓擠壓而形成變質岩，像是石英岩、片岩和板岩。

板岩由層層頁岩構成。

火成岩

由地下深層熔體構成的變質岩：若它們以火山熔岩的形式出現在地面，冷卻後會形成玄武岩等岩石；若在地底下冷卻，則會形成花岡岩。

花岡岩有時含有不同種類的礦物。

化石

保存在沉積岩或變質岩中的古動植物遺骸，通常是海洋生物（有些具四到五億年歷史）。

即使外頭又黑又冷，
你還是可以找到理由出去走走

十一月可以做以下這些活動。看看你能不能在十一月底之前全部完成。

☐ 傾聽寂靜中的聲音。穿得暖和，在一天當中的不同時間點走到戶外站著不動，注意你在冰冷的空氣裡可以聽見的聲音。

☐ 既然現在樹葉全都掉光了，你在你家或你最愛的玩樂場地周圍還可以看見什麼？如果你住在較溫暖的地區，一個你熟悉的景色和六個月前比起來有什麼不同？

☐ 隨著溫度下降，來研究不同的結冰狀態。找一找冰柱形成或融化的水經過一夜之後結冰的地方。把一杯水倒進幾個不同大小的容器裡，放在戶外，並測量它們多快能結成冰。氣溫或地點會影響結冰速度嗎？

在零下的溫度把裝滿水的瓶子放在戶外一個晚上，看看會有什麼變化。玻璃瓶和塑膠瓶兩種都試試看（蓋子要拿掉）。

☐ 把蒐集來的物體做成雕塑或活動雕刻——樹枝、莓果、種子、枯葉、羽毛。你的創作應該整個冬天都不會壞，因為所有材料都會乾掉（別使用有毒野葛的白色小莓果）。

☐ 寫一首感恩詩。下面這一首是我寫的：感謝太陽，感謝朋友，感謝我身旁高高的樹。感謝紅雀如此紅豔，夜晚一片漆黑。感謝今年歲末歸於平靜之時，我的家庭健康平安。

自然的活動雕刻

☐ 畫一系列十一月畫作。你會使用哪些顏色？我會用大量暗褐色、灰色、群青色、黃褐色和銹棕色。有時我喜歡在畫作上灑一點亮銀色，營造出寒冬的氣氛。

☐ 以你居住地區的自然為主題，創作一齣戲劇。把場景設在你的城市鄉鎮某處。劇中角色可以是冠藍鴉、老鼠、麻雀、鹿或任何動物。幫牠們編一個故事，跟幾個朋友一起演出來。時間可以設定在冬季，或是讓每一幕各代表一個季節。

☐ 窩著讀一本好書。讀讀蘿拉‧英格斯‧懷德（Laura Ingalls Wilder）寫的《小屋》（Little House）系列作品。它們皆鉅細靡遺的描寫很久以前的生活樣貌，但《艱困的漫漫長冬》（The Long Hard Winter）則是敘述人類在大草原上歷經異常嚴寒的冬季，努力求生存的故事。

在你家後院或戶外出現的鳥類

學習有關鳥類知識是研究自然的絕佳方式。不管你住在哪裡，都可以很輕易找到牠們，看到牠們正在做有趣的事，而且牠們通常很美。研究蛞蝓、水母或熊蜂可能就不是這麼一回事，雖然科學家對各種生物都有興趣。

了解你家附近的幾種鳥類，你便會更認識你居住的地方，不管是都市、郊區還是鄉村。對於不遷徙的鳥類來說，在冬天要找到足夠的食物通常很難。牠們需要大量能量來保暖才能安心過冬！

在外頭擺一個餵鳥器，看看哪些鳥類會來造訪

你可以在五金行買一個便宜的塑膠餵鳥器，或是自己用寶特瓶 DIY：剪出三到四個洞口，切開的部分折出來，讓小鳥可以停在上面。

為鳥類堆起一堆樹枝，做為牠們的庇護所

你可以把舊的聖誕樹堆起來，但不要留著金蔥彩帶！如果你的院子夠大，問問父母要不要考慮種一些常綠灌木或樹木，在冬天保護鳥類。

試試看掛一串塗上大量花生醬的松果！

鳥浴池
可以加熱

板油餵鳥器
啄木鳥很喜歡板油餵鳥器

有多少隻鳥？

　　鳥類是一項重要指標，顯示出一個環境以及當地和全球正在改變的氣候健不健康。許多的組織和計畫會監測來餵鳥器覓食的鳥，每個季節也會計算鳥類在城鎮和州的數量。由美國康乃爾大學鳥類學研究室贊助的「餵鳥器觀察計畫」（Project FeederWatch，www.feederwatch.org）便是其中之一。

　　世界各地的兒童都正在做有趣且重要的活動來幫助環境變得更好。如果你對鳥類有興趣，可以到你所居住地區的野鳥協會（http://www.bird.org.tw/index.php/link/member）詢問有什麼和鳥類相關的好玩活動可以參與。

　　把你在十一月看到的鳥類列出來。根據你居住地區的不同，有些鳥類已經遷徙到別處，或是來到你的區域過冬。其他則是整年都待在同一個地方。你附近有燈草、知更鳥還是老鷹嗎？

在這裡列出清單

你對於打獵有什麼看法？

　　人類曾在數百年的時間當中只能依靠打獵來獲得肉類。今日，打獵對世界各地許多家庭來說，仍然是重要的食物來源，雖然有些獵人對戰利品狩獵更有興趣。你可能沒這樣想過，不過獵人也必須當個自然觀察家才能成功。

　　怎麼說呢？因為如果你不了解獵物的習性和行為，就算花好幾個小時可能也找不到牠們的蹤跡。有責任的獵人會花大部分的時間觀察、等待並研究周遭環境。

　　有些動物是掠食者，有些則是獵物，這是很自然的事，但這種弱肉強食長久以來的平衡卻已經被破壞。人類大肆屠殺許多大型掠食動物，像是狼和野生貓科動物，導致一些做為獵物的動物像是鹿和兔子的數量在某些地區出現暴增的情況。

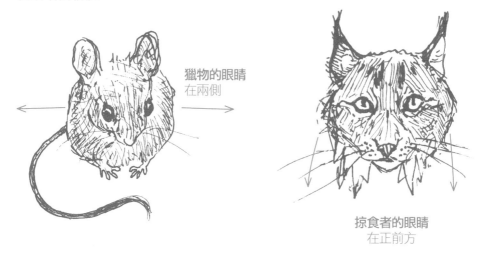

獵物的眼睛
在兩側

掠食者的眼睛
在正前方

你可以從各州的魚類和野生動物局（Department of Fish and Wildlife）以及野鴨基金會（www.ducks.org）等團體學習更多有關打獵的知識。

把你對於打獵的想法寫在下面

來一場戶外探險之旅

　　邀請你的家人或幾個朋友進行一場尋寶之旅。看看你們各自可以找到幾種不同的顏色、聲音、味道和形狀。把每個人的清單集結在一起，做成一份長長的總清單，貼在冰箱上或寫成電子郵件寄出去分享。

　　讓遊戲持續下去，請大家每天把新發現加到清單上。一星期後，看誰找到最多或最不尋常的東西！

把幾個新發現畫在下面

日期：　　　　　　　　　地點：　　　　　　　　　時間：

自然寶藏清單

顏色	日期／地點／時間	誰發現的？
聲音	日期／地點／時間	誰發現的？
味道	日期／地點／時間	誰發現的？
形狀	日期／地點／時間	誰發現的？

十二月

一年之末

在曆法中，十二月（December，源自拉丁文「decem」，意指「十」）是一年的最後一個月份。我們可能會認為十二月是一切的結尾，植物乾枯死亡，動物想盡辦法存活到春天，或是離開居住的地方。天氣變得惡劣，寒風凜冽甚至下起雪來。白天短暫，黑夜漫長。但在自然的曆法中，沒有所謂的月份或特定數量的日子，只有生生不息的休息、萌芽、孕育、再生、成長、繁殖、死亡等等循環。

　　我們較常待在室內，和自然界的聯繫變少了。在這個時節，我們可能不會注意到樹木的剪影、夜空的星星、月亮的圓缺、草葉上的霜、鮮明的日落、縮成一團的松鼠或是在空中尋找獵物的紅尾鵟，但不管我們有沒有在看，它／牠們都存在！

好國王溫徹拉斯，

在聖斯德望日向外望去，

四周平鋪著厚厚新雪。

那一夜月光閃耀，然而寒氣逼人……

——傳統聖誕歌曲

我的自然觀察筆記

日期：	時間：
地點：	氣溫：

天氣如何？	

月相：	日出時間：
	日落時間：

望向窗外或走到戶外，把你的觀察速記下來、畫圖或描述一個景象。

想要印出更多張？請到 www.storey.com/thenatureconnection.php

自然大蒐祕！

　　每個月的一開始先來好好觀察四周。出去散散步，尋找新事物，運用你的所有感官搜尋季節線索！挑幾個 不同的日子，看看你的答案會不會改變。

你能不能找到……　　　　　　形容你注意到的景象

☐ 雪在你腳下發出的吱嘎聲 　_____

☐ 正在進食的山雀 　　　　　_____

☐ 在水窪閃閃發光的陽光 　　_____

你還能找到什麼？

☐ _____　_____

☐ _____　_____

☐ _____　_____

☐ _____　_____

☐ _____　_____

☐ _____　_____

☐ _____　_____

☐ _____　_____

☐ _____　_____

本月美景

從你的清單上選一到兩項（或更多！）畫下來或貼上照片

日期：　　　　　　　　地點：　　　　　　　　時間：

迎接節日到來

十二月有好多節慶，而且全部都和光有關：農神節（Saturnalia）、光明節（Hanukkah）、聖露西亞節（Santa Lucia Day）、冬至、耶魯節（Yule，聖誕節的前身）、寬扎節（Kwanza）和聖誕節。在過去數百年，許多文化都很害怕這個時期到來。他們不知道太陽會不會再度升起，希望有足夠的食物可以活下來，家人不會生病。

好幾世紀以來，人們會在窗邊點起蠟燭並升起營火，藉此遠離寒冷和黑暗，促使太陽回到大地。這些方法還真的有效呢！太陽在這個時節來到了南方天空的最低點，形成一年當中最短的白天。但在十二月二十二日左右冬至過後，白天又會開始慢慢變長，再度迎向新的春天到來。

耶魯木頭（Yule Log）

對古北歐人來說，太陽是一個火輪。

這個時期被稱為「聖誕季節」（Hweolor-tid，yuletide）。耶魯木頭會被擺在家裡點燃，象徵太陽歸來以及滿屋子的溫暖。

每一種文化和宗教都會使用蠟燭。

蘋果象徵食物、健康和生命。

冬青、常春藤、鹿蹄草
紅色和綠色象徵冬天裡
的生命。

槲寄生

對古北歐人和德魯
伊特人來說，槲寄
生象徵生命與愛。

通常太陽的擺飾會放在最上頭。

數百年來，歐洲人會
在戶外和室內裝飾常
綠樹和橡樹，它們是
永生的象徵。

你知道嗎？
聖尼古拉的傳說來自土
耳其，他的馴鹿則是來
自挪威。

你有沒有發現天使
擁有鳥的翅膀？

晴朗的寒冷冬日是
探索大自然的絕佳時機

十二月可以做以下這些活動。看看你能不能在十二月底之前全部完成。

☐ 趁晴天到戶外走長長的一段路。天氣寒冷記得穿暖一點，在你尋找自然跡象時靜靜傾聽、觀察並深呼吸，在心裡默數它們的數量。我會用手指頭數，回家後把記得的八根或六根寫下來。

☐ 注意有沒有來自冰凍苔原的冬季貓頭鷹、鴨和鵝。冬季賞鳥是很冷但很令人興奮的活動。找一個賞鳥俱樂部、自然中心，或是擁有望遠鏡、圖鑑、大量熱忱並且知道哪裡是賞鳥好去處的人。

我來自遙遠的北方。注意看我！

我最喜歡的賞鳥月份就是十二月。沼澤變成一片燦爛的銅色和赭色，天空則還是鐵灰色，潮沼蕩漾並隨著天光不斷閃爍。日照時數很有限，所以你的全副注意力都會擺在鳥兒身上。

☐ 想一想各種鳥類擁有的不同鳥喙。根據你對鳥類所做的觀察，把你見過的鳥喙種類列出來，看看有沒有跟我下面畫的這些一樣。

用來吃昆蟲的小鳥喙：
鶯、燕、綠鵑

用來敲破種子、堅果、水果的厚鳥喙：
北美紅雀、松鴉、蠟嘴雀、某些燕子、烏鴉

覓食鳥喙能從地上拾起種子和莓果（以及爆米花、麵包、披薩餅皮……）

可以在浸入或潛入水中時用來捕食魚類、軟體動物和水生植物的長鳥喙：鴨、岸鳥、塘鵝

強壯的彎曲鳥喙可以抓住並吃掉小型動物的肉：鷹、貓頭鷹

☐ 製作一份年曆送給自己當禮物。每個月都有自己的顏色和自然特色。為每個月份塗、畫、著色或拼貼出一幅作品。回顧你的自然日誌或任何你所做過的觀察。在你這一年來創作過的圖片當中選擇其中幾張來使用，或是再做新的。最後，寫一首詩祝福所有填滿你一年生活的自然元素。

☐ 舒服愜意的讀一本好書。找一些有關冬季神話、節慶和信仰的讀物。你可以試試珍・克瑞赫德・喬琪（Jean Craighead George）寫的《親愛的蕾貝卡，冬天來了》（Dear Rebecca, Winter Is Here）或是唐・史托克斯（Don Stokes）寫的經典自然知識類書籍《冬季自然指南》（A Guide to Nature in Winter）。

冬至

　　地球繞著太陽轉的動作決定了一年的四季更迭和日夜循環。冬至在北半球是一年當中白天最短的寒冷時節，但在南半球卻相反。（第 60-65 頁、126-127 頁、172-173 頁以及 236-237 頁有更多相關內容。）

　　在網路上、當地報紙或是天氣頻道找找看這個月你居住地區的日出日落時間。在麻州劍橋，日落最早的日期並不在冬至，而是在十二月初，通常落在下午四點十二分，而且連續好幾天都一樣。到了十二月二十一日，下午四點十五分太陽就已經下山了。不過日出一直要到一月的第一個星期才會變晚。查查看你居住地區的日出日落時間吧。

北極圈以北

這裡的太陽在十一月下山之後，一直要到二月初才會再度露臉。住在如此遠北地帶的居民不會慶祝冬至到來，而是太陽歸來，即使它第一次可能只在一月的某日出現十五分鐘。

尋找太陽

我喜歡在課堂上做這個練習，幫助學生了解至點。想像你是冬天和夏天的地球，把你的皮帶或腰帶當作赤道。在冬天，面對太陽把身體往後仰；在夏天，面對太陽把身體往前傾。在哪個季節你的身體哪個部分會獲得最多陽光？

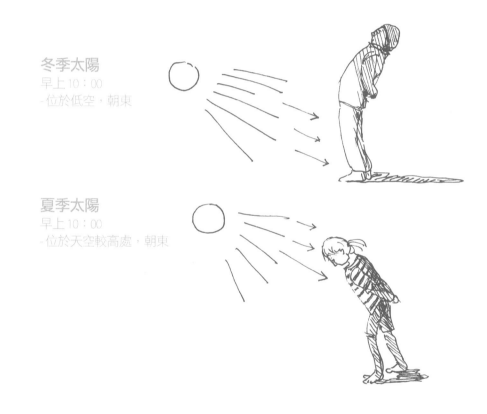

冬季太陽
早上 10：00
-位於低空，朝東

夏季太陽
早上 10：00
-位於天空較高處，朝東

注意動植物面向太陽的模樣，觀察在冬日尋找溫暖的鳥類。你家或學校建築物最溫暖和最寒冷的各是哪一面？到了春天，植物最早從哪裡冒出來？

十二月的風景

　　所有動物都到哪裡去了？牠們怎麼保暖？樹木怎麼度過寒冬？鳥類和動物會找什麼樣的地方避寒？牠們吃什麼？（你可以在一月和二月章節找到更多資訊）

考考你：

　＊在這兩頁的圖片中你可以找到多少種不同的動植物？

　＊有哪些動物可能藏起來了你看不見？

山地草原

這是誰冬天的家？

夜晚醒著

夜晚醒著

許多動物從高山往下移動，降低海拔

雪層

非常重要的保溫層

打盹

寒冷的入睡

依然活躍，因此成了活躍哺乳動物的重要食物

沉睡中

整個冬天睡個不停

森林裡

常綠樹是鳥類、兔子、鹿、
麋鹿和其他動物的庇護所。

水中

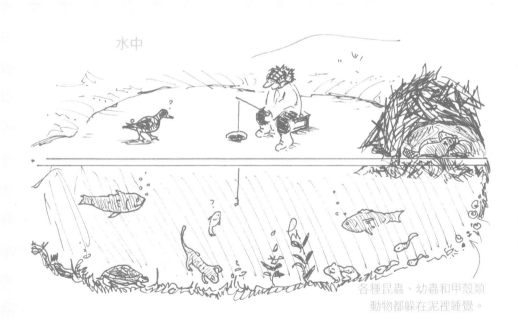

各種昆蟲、幼蟲和甲殼類
動物都躲在泥裡睡覺。

附錄

　　我們在佛蒙特州的家附近有條通往森林的小徑，黑黑的有點可怕。艾瑞克和安娜還小的時候，我跟丈夫經常帶他們走入小徑探索，隨著他們越長越大，也越來越勇敢，便會自己消失在林中好幾個小時，現在變成我們等他們來邀我們出去走走！

探索自然，和家人共度美好時光

在我二十幾年前拉拔兩個小孩長大的年代，根本沒有現在這麼多酷炫玩具，讓他們快樂的窩在室內一整天。我們在小城市的公寓和老舊的鄉村農舍之間搬來搬去。青蛙會出現在我們的浴缸裡，受傷的鳥兒和蜻蜓住在紙箱，孩子們和他們的朋友在城市街道和空曠田野玩著一場又一場的遊戲。

我們在一九八〇年代晚期完全不會特別去想：「噢，我的孩子在戶外玩耍。」這是理所當然的事。除了稀鬆平常的爭吵和不小心割傷的膝蓋，孩子們看起來相當樂在其中。現在艾瑞克和安娜都忙於工作和成人生活，但他們依然很喜歡戶外活動，回到和兒時玩伴玩耍的野外也很開心。

當我提到我自己和我兒女的童年光景，其他大人常常會附和：「噢！我以前會在放學後跳上腳踏車，騎著它四處探索。為什麼現在的孩子都不這麼做了？」其實他們可以做，也還是這麼做，只是多數兒童還有其他很多活動要參與。

有一天我的孩子們放了15隻綠池蛙在浴缸裡！

然而不管我到哪裡，我發現小朋友還是很喜歡到戶外玩耍探索，只是需要有人帶。一個有好奇心的成年人可以是他們的好夥伴！跟你的孩子一起探索自然不但簡單、好玩、經濟實惠而且不需具備特殊技能，只需要一點時間和興趣。

你可以很輕易的和家人到森林裡散散步，跟孩子一起寫一首有關月亮的詩，躺在一堆新雪當中製作一個雪天使，或是爬樹和建一座碉堡。現在正是你和家人重新到戶外共度美好時光的時刻，希望這本書能成為你探索自然的良伴。

孩子在大自然裡永遠玩不膩

　　身為家長和教師，我知道要抽出時間帶孩子或學生到戶外並不容易。一天的時間就是只有這麼長，好多更重要的事情得處理，我們通常找不到理由待在戶外。但我每一次跟家長與教師聊天、觀察孩子的狀況和察覺自己的感受時，都會發現大家即使只在戶外待個 15 分鐘，都會變得更加開心放鬆。我相信你也注意到孩子們看到飛越頭頂的老鷹、追蹤雪地裡的鹿腳印，或是在空地上自由奔跑時，有多麼興奮和投入。

　　我們的世界充滿各種資訊，以往只有住在靠近自然的人才會知道。現在大部分的人不會看月相，不清楚漲潮退潮的時間，很多鳥類的名字也叫不出來。但我們還是可以學到這些知識，再運用它們來幫助你和你的孩子更加融入周遭環境。

如果你想開始研究自然，可以在瑞秋・卡森（Rachel Carson）所著的《永遠的春天》（The Sense of Wonder）一書當中獲得靈感。故事大多來自她住在緬因州時在郊外度過的時光。卡森相信一個很重要的道理，我也常跟他人還有學生分享：「驚奇能引發好奇心、帶來資訊，激起責任感，並促使行動。」

英國靈長類動物學家兼人道主義者珍・古德（Jane Goodall）為所有年紀的兒童成立了「根與芽計畫」，相當成功，其宗旨也是相同的。她表示：「如果大家都能看見我眼中的美，就能致力於拯救這些提供人類食物和住所的動物和樹木。」www.janegoodallinstitute.org 有更多相關資訊。

另外我也大力推薦理查・洛夫（Richard Louv）寫的《失去山林的孩子》（Last Child in the Woods），書中強調許多我們應該帶孩子到戶外的重要理由。

做孩子的導師

　　這本書是根據我三十多年來教自然研究和自然日誌寫作的經驗寫成的。有很多內容沒辦法寫進來，我也還有更多知識需要學習。我的母親不知道許多鳥類的名字，但我們在沙坑裡頭玩的時候，她會在外面整理庭園。我在成長過程中沒有特別意識到自己待在戶外，因為這是很自然的事。

　　我之所以會成為自然老師，有一大部分的原因是我以前在賓州郊外學校的理科老師會帶我們去附近賞鳥、尋找菇類並穿梭在森林和田野。不管我們看到什麼，她都興味盎然，所以我們也變得跟她一樣！

　　我現在身為一名了解「在地環境」的教育者，很清楚自己在看到一隻烏鴉、一朵蒲公英或一張蜘蛛網時所產生的反應、興趣和投入程度都會被學生看在眼裡。對於家長和教師，我想說的是：「你們是孩子的導師。如果你真心對蝙蝠有興趣，讓孩子知道為什麼並教導他們有關蝙蝠的知識，我可以跟你保證他們會加入你的行列。因為他們想要跟你一起從事活動，只要你真的有興趣。如果你表現出害怕的樣子，孩子也會感到害怕。」

> 兒童全年都需要活潑、廣泛、
> 有架構但開放式的戶外活動，而非僅只於暑假。
> 他們也需要父母願意幫孩子把口袋裡的石頭收起來。

——大衛・索貝爾，《一口袋石頭》，獵戶座雜誌，1993 年

享受戶外活動前
該知道的安全守則

　　長久以來，孩子在森林、田野和溪流玩耍。他們四處探險，了解環境，或許會不小心陷入危險，但回來後總是能述說當時的經歷，並學會聰明一點。今天我們對下一代保護得太過周到，導致對許多孩子來說，大自然變得很無聊、可怕或甚至視而不見。

　　我曾經遇過跟我說他們「對自然過敏」的孩子。有個學生到戶外一定要戴手套，另一個學生說他的父母把庭院的樹木全部砍掉，因為他對花粉過敏。有個女孩的家長寫信要求學校不要讓她到戶外。但她還是決定跟著全班到戶外，我看到她很快就彎下腰來，東摸摸西聞聞，把她「過敏」的事完全拋諸腦後。（我常常在想她現在搞不好是一名國家公園巡查員！）

　　如果孩子想出外探索自己的社區，到陰暗的森林裡閒晃，或騎著腳踏車到附近池塘，大人會什麼會害怕？當我們告訴孩子「別走太遠」、「小心陌生人」；「別亂摸東西」；「馬上回家」；「天黑之後不要在外面」，我們灌輸了他們什麼樣的觀念？

　　許多成年人因為對未知感到懼怕，無法掌控情況而缺乏安全感，所以會想要把孩子限制在某個地方，不讓他們像脫韁野馬一樣待在戶外。我自己學到的慘痛教訓是，如果你不希望孩子害怕走到戶外（或做任何活動），你必須先面對自身的恐懼。你一產生害怕和遲疑，孩子馬上就會察覺。你要知道什麼該注意、什麼不必窮擔心。自然並非處處都是陷阱（身為家長，我也必須學會這一點）！

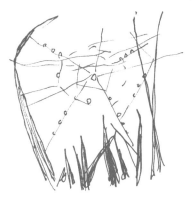

　　以下要告訴大家幾個訣竅，來消除你自身和孩子的恐懼，讓親子盡情享受戶外活動。我到現在也還在教學中使用這些訣竅。

* 前幾次和孩子同行；**進行一場自然尋寶之旅、到附近山上健行或在池塘中游泳。**如果孩子絆倒、跌在地上或被刮傷都不要太緊張。和他們談談內心的恐懼，分辨什麼是真、什麼是假。

* **教導孩子哪裡可以去、哪裡不能去，還有你預計他們什麼時候會回家。**讓他們自己隨心所欲的在院子、公園或附近樹林裡探索，信任他們會準時回家。

* **和孩子共同學習周遭環境當中有哪些有毒植物、菇類和莓果，**知道該如何辨認和避開。你們可以一起閱讀圖鑑或在網路上查詢。

* **和他們談談清單上的注意事項，**更重要的是，在他們回家時，確認清單上的項目是否都有做到。

* **告訴他們不要打蜜蜂或黃蜂。**只要站著不動，牠們會自己飛走。如果患有過敏，先了解萬一被螫到該怎麼做，並隨身帶著適當必需品。

* **輕輕抓起蛞蝓、蜘蛛和蚯蚓，讓孩子知道你不害怕。**如果你做不到，至少別制止孩子摸摸聞聞，更親密的接近自然。

* **鼓勵孩子發揮好奇心，但是要尊重生命。**有些孩子喜歡打壞蟻窩或追逐小鳥。他們可能需要大人的幫助，學習耐心的坐著觀看。

* **最重要的一點，一起在戶外玩得盡興，**就算「什麼也不做」也可以，把手機關機一陣子吧！

如何將自然觀察筆記
應用在課堂上

　　雖然我主要是個藝術家，但我在課堂上注重的不是藝術性。我的目標是幫助孩子（和教師）觀察、欣賞並了解更多他們周遭的美麗世界。讓你的學生寫自然日誌的好處是它並不需要什麼設備就可以開始，也不需要你具備專業的「自然知識」。你只需要擁有一顆好奇心和想要踏出戶外、探索周遭自然以及與學生分享這份熱誠的動力（第 288 至 289 頁教你如何調整本書使用方式以符合政府課程規定）。

　　不管是幾年級的學生，我們一開始都會先在室內做好筆記本的格式，包括日期、時間、地點、天氣、月相以及日出日落時間。我們會分享這個時期在這個地點可能看到的戶外景象。帶著一些期待踏出教室後，先保持安靜，大家一起走一走，專心傾聽和觀察。接下來就開始尋寶囉！光是在門邊可能就有新發現。發現到什麼就馬上記錄下來。

　　一個班級可能花上三十分鐘到三天四處探索，像是校園、林地邊緣、池塘、海灘、山坡草原、城市空地。我們會畫下簡單的圖（不是什麼專業的繪畫），把細節詳實記錄下來，就像第 44 至 45 頁和 89 頁那樣。我會跟學生一起畫，每個圖不花超過三分鐘。我們看的是整體，要不斷去問：「這個自然環境正在發生什麼事？」並記下大量筆記。我們要把自己當作科學家，而不是藝術家！

　　回到室內後，你的學生可能會花上好幾個小時把圖畫得更仔細精美，視他們的年紀、興趣和目的而定。但我總是建議教師運用大量圖鑑和參考資料，培養孩子持久的興趣和正確的學習。

戶外教學小訣竅

* **簡單為上！**我建議你使用手邊就有的任何紙張，像是空白的電腦印表紙，折成兩半或四分之一，再以厚紙板或寫字板墊在下面。

* **用任何一種鉛筆都可以**，準備好已經削尖的備用份量。

* **站著快速的把圖畫完，才能繼續探索。**告訴學生不要擔心畫錯，一直把線條擦掉。畫新的覆蓋上去或直接畫下一個。

* **望遠鏡和放大鏡不是必備物品**，但如果數量足夠讓大家分著用，可以讓經驗更豐富。我通常不會使用，因為它們會讓人分心，尤其是年紀較小的孩子。至於時間較久的戶外教學，可以準備齊全的自然探險包，請見第 9 頁。

課堂上

* **在教室裡備妥足夠的寫字和畫畫工具**，像是削尖的鉛筆（一般的和彩色鉛筆）、原子筆、簽字筆、麥克筆、蠟筆和水彩筆。許多孩子喜歡把素描仔細畫完。我告訴學生別擔心畫畫技巧或天分不夠好。和任何一門技能一樣，畫畫也需要多年練習才會精進。

* **你自己要保持好奇心**，才能讓你的班級不斷期待跟你到戶外。

* **建立一座小小圖書館**，擺放好的鳥類、動物、樹木和植物圖鑑。你帶班級做戶外教學時，可以隨身帶著一兩本相關的，但要注意：如果帶太多本書，會讓班級無法專心觀察和欣賞自然。你們回到課堂上還會有很多時間進行進一步研究。

調整本書使用方式
以做為課外延伸讀物

我們必須學習自然世界當中的準則……
我們必須尊重智者的謙卑、
自然世界的邊限、
以及超乎其外的神祕，
承認存在秩序為人類的能力所無法掌控。

——瓦茨拉夫・哈維爾《活在真理之中》

　　隨著全球生態系統變化得越來越快速，讓下一代學習有關周遭自然的知識也變得益發重要，這樣他們長大後才能主動積極且負責任的保護地球。雖然有如此迫切的需求，但老師和家長也會擔心學校教的課程是否合乎政府的考試標準。有關環境的課程是關鍵的教育一環，而且可以融入任何學科。政府的科學標準也逐漸擴充，開始納入在地自然研究。一名學生跟我說：「人類依賴自然而活，所以我們必須了解它。」

　　我幾十年來在教學當中運用了這本書所蒐集的各種教學法，並配合不同年級（從小學到大學都有）、教室設置和課程需求來調整。這本書被設計為彈性和廣泛運用，可以有多種變化，同時依然把焦點放在我們和周遭世界的連結。政府的標準一定會變，這一點無庸置疑，但《孩子的自然觀察筆記》有以下方法能達到一般被廣泛接受的學習要求。

地球科學

進行科學探究：問「怎麼做」（how）、「什麼」（what）、
「為什麼」（why）和「哪裡」（where）
參與科學研究：觀察、記錄、測量
學習有關自然的知識：天空、氣候、季節、
樹木和植物、動物、棲地和流域

社會研究

學習在地歷史：探險家、拓荒者、土地使用
討論環境議題：地方、全國、全球
製作地圖與壁畫

數學

應用概念：地圖、圖表、列表
量化資訊：測量、比較、計算

語文

寫作：記筆記、寫紀錄、說故事、作詩詞、戲劇、小說與非小說
閱讀：自然文學（小說與非小說）、口頭報告
溝通：問問題、闡述理論、搜集資訊、解決問題
學習專注：集中注意力、在團體中傾聽

藝術與音樂

觀察：學習觀看和正確記錄
繪畫：應用基本繪畫技巧，學生被鼓勵以自己的方式運用各種媒體，在建立
技能的過程中培養自信心，與他人合作
傾聽：學習聆聽自然正在發生的事，以自然物體發出聲音，學習保持安靜

體能活動

待在戶外：學習自由玩樂，和自然與自己相處時變得自在
讓身體活動：散步、健行、跑步、跳躍、健康與體適能

參考書目與推薦書單

　　以下書籍有很多看起來年代久遠，但仍十分實用。當然了，看你想要找什麼書，外面也有很多其他又好又有幫助的選擇。這份書目只是我廣泛資料裡的冰山一角，大多使用在撰寫《孩子的自然觀察筆記》的過程中。

一般參考書籍

《美國每日書》The American Book of Days／史蒂芬・G・克里斯蒂安森、H.W. Wilson、2000 年

《自然研究手冊》Handbook of Nature／安娜・B・庫姆斯陶克、Cornell University Press、1986 年

《業餘自然學家》The Amateur Naturalist／傑拉德・杜瑞爾與李・杜瑞爾、Knopf Doubleday、1989 年

《哥倫比亞百科全書》第六版 The Columbia Encyclopedia, 6th ed.／保羅・拉加西、Columbia University Press、2000 年

《好奇自然學家》The Curious Naturalist／國家地理學會、National Geographic Society、1998 年

《老農民曆》The Old Farmer's Almanac／Yankee Publishing Inc.、每年出版

《自然的喜悅：如何觀察與欣賞戶外的美好》Joy of Nature: How to Observe and Appreciate the Great Outdoors／《讀者文摘》編輯群、Reader's Digest Association、1977 年

《北美野生動植物：2000 種動植物圖鑑》North American Wildlife: An Illustrated Guide to 2,000 Plants and Animals／《讀者文摘》編輯群、Reader's Digest Association、1998 年

《自然歷史野外手冊》The Fieldbook of Natural History／E・勞倫斯・帕爾默與何瑞修・賽默、McGraw-Hill Company、1978 年

圖鑑

《彼得森北美哺乳類動物第一指南》Peterson First Guide to Mammals of North America／彼得・艾爾登、Houghton Mifflin、1987 年（本系列還有其他作者所撰寫的圖鑑，像是《樹木》、《昆蟲》、《爬蟲類》、《兩棲類》、《魚類》等）《奧杜邦學會自然指南》The Audubon Society Nature Guides／Knopf、日期不一（此系列以不同棲息地分類：沙漠、草地、太平洋海岸、大西洋海岸、東部森林、濕地等等）

《冬季雜草》Weeds in Winter／蘿倫・布朗、W.W. Norton、1986 年

《蝴蝶生命週期》The Life Cycles of Butterflies／茱蒂・布里斯與韋恩・理察斯、Storey Publishing、2006 年

《黃金指南》系列 The Golden Guide series／St. Martin's Press、日期不一（此系列是小本的自然書，價格不高，充滿實用資訊，插圖精美，很適合課堂上使用或日常攜帶）

《美國奧杜邦學會雲與風暴口袋指南》National Audubon Society Pocket Guide to Clouds and Storms／唐納‧M‧路德魯姆、Alfred A. Knopf、1995 年（此系列其他指南：《常見哺乳類》、《北美猛禽》、《昆蟲》等等）

《彼得森野花圖鑑：北美東北部與中北部》Peterson Field Guides to Wildflowers: Northeastern/North-central North America／羅傑‧托瑞‧彼得森與瑪格麗特‧麥肯尼、Houghton Mifflin、1998 年

《彼得森東部樹木圖鑑》Peterson Field Guides to Eastern Trees／喬治‧A‧佩德里迪斯、Houghton Mifflin、1998 年

《北美鳥類》Birds of North America／錢德勒‧S‧羅賓斯、伯特爾‧布魯恩與赫伯特‧S‧席姆、Golden Press、1983 年

《冬季自然指南》A Guide to Nature in Winter／唐納‧W‧史托克斯、Little Brown & Co.、1998 年

《希伯利樹木指南》The Sibley Guide to Trees／大衛‧希伯利、Alfred A. Knopf、2009 年

自然教育

《森林散步》WoodsWalk／亨利‧W‧亞特、Storey Publishing、2003 年

《與孩子分享自然》Sharing Nature with Children／喬瑟夫‧巴拉特‧康乃爾、Dawn Publications、1998 年

《自然觀察》Naturewatch／阿德莉安‧卡茲、Addison-Wesley、1986 年

《來一場城市自然散步》Take A City Nature Walk／珍‧寇克蘭、Stillwater Publishing、2005 年

《全能兒童自然書》The Everything Kids' Nature Book／凱薩安‧M‧寇瓦斯基、Adams Media Corporation、2000 年

《失去山林的孩子》Last Child in the Woods／理查‧洛夫、Algonquin／2008 年

《好奇的自然觀察家》The Curious Naturalist／約翰‧米契爾與麻薩諸塞州奧杜邦學會、University of Massachusett、1996 年

《童年地理》The Geography of Childhood／蓋瑞‧保囉‧納布漢與史蒂芬‧特林伯、Beacon Press、1994 年

《謝爾本農場：專案季節》Shelburne Farms: Project Seasons／黛博拉‧佩雷拉、Shelburne Farms、1995 年

《十分鐘戶外教學》Ten Minute Field Trips／海倫‧蘿絲‧羅素、NSTA Press、2001 年

《童年與自然》Childhood and Nature／大衛‧索伯、Stenhouse Publishers、2008 年

《我愛泥土》I Love Dirt／珍妮佛‧瓦德、Trumpeter、2008 年

《與自然連結之郊狼指南》Coyote's Guide to Connecting with Nature／強‧楊格、艾倫‧哈斯與伊凡‧麥戈溫、OWLLink Media、2008 年

氣候變遷

《新聞中的環境》The Environment in the News／亞爾・卡爾霍恩、Chelsea House、2007 年

《氣候變遷地圖集》The Atlas of Climate Change／克莉絲汀・道與湯瑪斯・E・道寧、University of California Press、2006 年

《不願面對的真相》An Inconvenient Truth／艾爾・高爾、Rodale、2006 年

《全球暖化》Global Warming／凱莉・克諾爾、New York Time、2007 年

《大災難記事：人、自然、和氣候變遷》Field Notes from a Catastrophe: Man, Nature and Climate Change／伊莉莎白・科爾伯特、Bloomsbury USA、2006 年

自然藝術家與自然觀察家

《圖解自然》Illustrating Nature／桃樂西亞・巴爾洛威與賽伊・巴爾洛威、Portland House、1987 年

《美國野生動植物歷史》The History of Wildlife in America／哈爾・波爾蘭、National Wildlife Federation、1975 年（包含梅里韋瑟・路易士、威廉・克拉克、約翰・詹姆斯・奧杜邦、艾伯特・比斯塔特、湯瑪斯・莫蘭、查理・羅素和湯瑪斯・柯爾所繪插圖與圖畫）

《手繪鳥類》Drawing Birds／約翰・布斯比、The Royal Society for the Protection of Birds、1986 年

《大海邊緣》The Edge of the Sea／瑞秋・卡爾森、Houghton Mifflin、1998 年

《塔莎杜朵的藝術》The Art of Tasha Tudor／哈利・戴維斯、Little, Brown, and Co.、2000 年

《碧雅翠絲波特的藝術：繪畫和素描》Beatrix Potter's Art: Paintings and Drawings／安・史蒂文森・霍布斯、Frederick Warne、2004 年

《一名愛德華時代女士的自然記事》The Nature Notes of an Edwardian Lady／伊迪絲・霍爾登、Arcade Publishing、1989 年

《接觸大地：印第安自畫像》Touch the Earth: A Self Portrait of Indian Existence／T・C・麥克魯漢、Outerbridge and Dienstgrey、1971 年

《如何製作手繪日誌》How to Keep A Sketchbook Journal／克勞蒂亞・耐斯、North Light Books、2001 年

《自然觀察家》Naturalist／愛德華・O・威爾森、Island Press、1994 年

《沙漠剪貼簿》A Desert Scrapbook／薇吉妮亞・萊特費萊爾森、Simon & Schuster、1996 年

《島嶼剪貼簿》An Island Scrapbook／薇吉妮亞・萊特費萊爾森、Simon & Schuster、1998 年

季節慶典

《東青，馴鹿與彩燈》Holly, Reindeer, and Colored Lights／艾德娜・巴爾斯、Clarion Books、2000 年

《百合，兔子與彩蛋》Lilies, Rabbits and Painted Eggs／艾德娜・巴爾斯、Clarion Books、2000 年

《女巫，南瓜與咧嘴笑的鬼魂》Witches, Pumpkins and Grinning Ghosts／艾德娜・巴爾斯、Clarion Books、2000 年

《我負責節慶》I'm in Charge of Celebrations／拜爾德‧拜洛爾、Aladdin Paperbacks、1995 年

《卡蜜娜嘉德莉卡：聖歌與咒語》Carmina Gadelica: Hymns and Incantations／亞歷山德‧卡麥可、Floris Books、1992 年

《美國每日書》The American Book of Days／史蒂芬‧G‧克里斯蒂安森、H.W. Wilson、2000 年

《你出生的那一天》On The Day You Were Born／黛博拉‧弗萊希爾、Harcourt Brace、1991 年

建議兒童閱讀書籍

《女孩的 Wild 觀察: 六位女性自然觀察家的一生》Girls Who Looked Under Rocks／珍妮‧阿津思

《月圓時刻》When the Moon is Full／瑪麗‧阿茲里安

《都市鳥窩》Urban Roosts／芭芭拉‧巴許

《烏龜背上的十三個月亮與動物管理員》The Thirteen Moons on Turtle's Back and Keeper of the Animals／喬瑟夫‧布魯夏克（與麥可‧卡杜托）

《祕密花園》The Secret Garden／法蘭西斯‧霍吉森‧伯內特

《跨越國度的貓》Cross-Country Cat／瑪麗‧卡爾霍恩

《老鼠和摩托車》、《逃跑的拉爾夫》以及《老鼠拉爾夫》The Mouse and the Motorcycle, Runaway Ralph, and Ralph S. Mouse／比佛利‧克利瑞

《佩德羅的日誌：與哥倫布航行》Pedro's Journal: A Voyage With Christopher Columbus／潘姆‧康拉德

《阿嘉莎的羽毛床》Agatha's Feather Bed: Not Just another Wild Goose Chase／卡門‧阿格拉‧狄迪

《北方農場的女巫露伊》Louhi, Witch of North Farm／托尼‧德傑瑞茲

《親愛的蕾貝卡，冬天來了》、《狼王的女兒》、《山居歲月》、《芙萊佛的山》、《說話的大地》Dear Rebecca, Winter Is Here; Julie of the Wolves; My Side of the Mountain; Frightful's Mountain; The Talking Earth／珍‧克瑞赫德‧喬琪

《柳林風聲》The Wind in the Willows／肯尼思‧格拉姆

《伊達的極致玩樂、避免災難和（可能）拯救世界計畫》Ida B. and Her Plans to Maximize Fun,Avoid Disaster and (Possibly) Save the World／凱薩琳‧漢尼根

《紅牆》系列 Redwall series／布萊恩‧雅克

《划槳到大海》、《海鳥》Paddle to the Sea and Seabird／克蘭西‧霍林

《兔子坡》Rabbit Hill／羅伯特‧勞森

《明水之環》Ring of Bright Water／蓋文‧麥斯威爾

《蠑螈房》The Salamander Room／安‧梅澤

《羅沙堡森》Roxaboxen／愛麗思‧麥樂潤

《小熊維尼》、《小熊維尼和老灰驢的家》Winnie the Pooh and The House at Pooh Corner／艾倫‧亞歷山大‧米恩

《鄰近的自然》Nature In The Neighborhood／莫里森‧高登

《狼蹤》Never Cry Wolf／法利‧莫瓦特

《戰斧》與其他多本著作 Hatchet and many others／蓋瑞‧鮑爾森

《一年中最愛的時節》My Favorite Time of Year／蘇珊・皮爾森

《月圓時刻》When The Moon is Full／佩妮・波拉克

《不凡生命：帝王蝶的故事》An Extraordinary Life: The Story of a Monarch Butterfly／羅倫斯・普林格

《哈利波特》系列 Harry Potter series／J.K. 羅琳

《迷失林中》Lost In The Woods／卡爾・山姆斯二世與珍・斯多伊克

《自然偵探妮奇》Nicky The Nature Detective／伍爾夫・斯維德柏格

《夏綠蒂的網》、《天鵝的喇叭》與《小不點司圖爾特》Charlotte's Web, The Trumpet of the Swan, and Stuart Little／E.B.懷特

《小屋》系列 The Little House series／蘿拉・英格斯・懷德

《島嶼剪貼簿》與《沙漠剪貼簿》An Island Scrapbook and A Desert Scrapbook／薇吉妮亞・萊特費萊爾森

《月下看貓頭鷹》Owl Moon／珍・尤倫

適合進階讀者

《永遠的春天》The Sense of Wonder／瑞秋・卡森

《溪畔天問》Pilgrim at Tinker Creek／安妮・迪拉德

《狂野的慰藉》The Solace of Open Spaces／葛瑞塔・厄爾里奇

《自然寫作：英語傳統》Nature Writing: The Tradition in English／羅勃・芬奇與約翰・艾爾德

《為自然辯護》In Defense of Nature／約翰・海伊

《波特小姐與彼得兔的故事》Beatrix Potter: A Life in Nature／琳達・李爾

《沙郡年紀》A Sand County Almanac／艾爾多・李奧波

《新詩與詩選》New and Selected Poems／瑪麗・奧利佛

《雷樹》The Thunder Tree／羅勃・M・派爾

《來自世界各地的地球禱告》Earth Prayers From Around the World／伊莉莎白・羅勃茲與伊利亞斯・阿密頓

《風暴來襲：逃難》Tempest: Refuge／泰瑞・威廉斯

其他資料

國家與州組織

阿帕拉契山徑俱樂部（Appalachian Mountain Club）
800-372-1758
www.outdoors.org
為家庭、青少年和兒童所設計的活動：「青年機會計畫」（Youth Opportunities Program）、「家庭探險營隊」（Family Adventure Camps）和「青少年野外探險」（Teen Wilderness Adventures）。

美國童子軍（Boy Scouts of America）
www.scouting.org
有很多帶兒童到戶外的活動，是很好的資源。

加拿大地理（Canadian Geographic）
800-267-0824　www.canadiangeographic.ca
出版《加拿大地理》雜誌，以美國之外的觀點看環境議題，像是北極熊與都市陸地。

兒童，大自然，與你（Children, Nature and You）
http://childrennatureandyou.org
協助家長與教育者培養孩子對自然的情感；為「迷上自然」（Hooked on Nature）的一部分，該網絡結合個人與組織的力量以灌輸兒童對地球的喜愛與尊重。

美國康乃爾大學鳥類學研究室（Cornell Lab of Ornithology）
800-843-2473　www.birds.cornell.edu
發行《現存鳥類》（Living Bird）雜誌以及《鳥類視野》（Birdscope）電子報，提供適合兒童與成人的優質活動。

野鴨基金會（Ducks Unlimited）
800-453-8257　www.ducks.org
一個備受尊崇的保育組織，保護美國各地數千畝的水鳥和野生動植物棲地。

環境保護基金（Environmental Defense Fund）
800-684-3322　www.edf.org
致力於保護所有人的環境權，包括未來的子子孫孫。

國際暗天協會（International Dark-Sky Association）
520-293-3198　www.darksky.org
透過環保戶外照明來保護夜間環境。

珍古德協會（The Jane Goodall Institute）
703-682-9220　www.janegoodall.org
此全球非營利組織以珍古德博士的科學研究為基礎，其人道願景為促使人類為所有生物做出改變。

美國奧杜邦學會（National Audubon Society）

212-979-3000　www.audubon.org

出版《奧杜邦》（Audubon）雜誌，經營自然中心並為美國各地各個年齡層的民眾舉辦自然歷史營隊。

美國國家海洋局（National Ocean Service）

美國國家海洋和大氣管理局（National Oceanic and Atmospheric Administration）

http://oceanservice.noaa.gov

美國國家海洋局的教育團隊支援教師將海洋局的內容融入在地課程，方式為舉辦會議以及透過網路提供專業發展機會。

國家公園暨保育協會（National Parks and Conservation Association）

800-628-7275　www.npca.org

出版《國家公園》（National Parks）雜誌，提供國家公園資訊、你可以造訪的地方、你附近的保育組織以及其活動。

美國國家氣象局（National Weather Service）

美國國家海洋和大氣管理局（National Oceanic and Atmospheric Administration）

www.nws.noaa.gov

提供許多有關天氣和氣候的教育資源。

美國國家野生動物協會（National Wildlife Federation）

800-822-9919　www.nwf.org

出版《國家野生動植物》（National Wildlife）雜誌（適合中學生以上的絕佳文章和圖片）、《資源看守者瑞克》（Ranger Rick）、《你的大後院》（Your Big Backyard）和《野生動物寶寶》（Wild Animal Baby），並舉辦「校園棲地」（Schoolyard Habitats）、「校園生態」（Campus Ecology）以及「美國後院大露營」（Great American Backyard Campout）等活動。

獵戶座學會（The Orion Society）

413-528-4422　www.orionsociety.org

出版《獵戶座》（Orion）雜誌，其中包含由當代作家與藝術家撰寫的環境議題文章。

真學校花園（Real School Gardens）

817-348-8102　www.realschoolgardens.org

致力於把花園搬進小學。

山岳俱樂部（The Sierra Club）

415-977-5500　www.sierraclub.org

出版《山岳》（Sierra）雜誌，提供有關美國各地與海外的有趣文章與旅遊團，有些專為家庭所設計。

特頓科學學院（Teton Science Schools）

307-733-1313　www.tetonscience.org

自 1967 年以來透過各種兒童、青年與成人活動教導有關自然界以及大黃石生態系統的知識。

餵鳥器觀察計畫（Project FeederWatch）

美國康乃爾大學鳥類學研究室（Cornell Lab of Ornithology）

800-843-2473　www.birds.cornell.edu/pfw

由北美各地民眾進行的冬天鳥類調查。此數據協助科學家追蹤鳥類分布與數量多寡的長期趨勢。

全球分享自然協會（Sharing Nature Worldwide）

530-478-7650　www.sharingnature.com

《與孩子分享自然》（Sharing with Children）作者喬瑟夫‧康乃爾的自然教育活動與點子。

公有地信託組織（The Trust for Public Land）

800-714-5263　www.tpl.org

鼓勵所有年齡層的民眾參與土地保育。出版《土地與人》（Land&People）雜誌，述說充滿希望的故事。

美國魚類及野生物管理局（U.S. Fish and Wildlife Service）

www.fws.gov

每個州有不同網站。

都市生態協會（Urban Ecology Institute）

617-552-1247　ww.urbaneco.org

設立於麻州波士頓；致力於幫助都市青年學習有關地方鳥類與生態系統的知識。

山谷探索（Valley Quest）

802-291-9100　www.vitalcommunities.org/ValleyQuest

以地方為基礎的教育模式，設計並交換尋寶活動以搜集和分享社區中的重要自然與文化遺產。

荒野意識學院（Wilderness Awareness School）

425-788-1301　http://wildernessawareness.org

提供荒野教育課程，結合古老與現代生態智慧，促使各個年齡層成為管理者、導師與領導人。

世界氣象組織（World Meteorological Organization）

www.wmo.int

提供有關天氣、氣候與水資源的全球組織。

特別適合兒童參與

橡實自然觀察家（Acorn Naturalists）

800-422-8886　www.acornnaturalists.com

擁有種類最齊全的自然研究書籍與活動的網站之一，各個年齡層皆適用，是絕佳的資源！

教育，想像與自然界中心（The Center for Education, Imagination and the Natural World）

www.beholdnature.org

讓幼童享受戶外驚奇。

兒童與自然網絡（Children & Nature Network）

www.childrenandnature.org

由理查‧洛夫（Richard Louv）的重要著作《失去山林的孩子》（Last Child in the Woods）所啟發，此線上資源網站提供許多計畫與地點的資訊。

蟋蟀雜誌集團（Cricket Magazine Group）

www.cricketmag.com

為各個年齡層的好奇兒童出版 14 種不同雜誌。每一本都沒有廣告，其中幾種（《問》（Ask）、《繆斯》（Muse）與《奧德賽》（Odyssey））專注於科學與探索。

遼闊天空（For Spacious Skies）

www.forspaciousskies.com

此計畫的目標為教育兒童關心並觀察天空。

北方旅程（Journey North）

www.journeynorth.org

很棒的網站，致力於為課堂提供每月物候學觀察。有滿滿的資訊、地圖與圖片。

NASA 日月食網站（NASA Eclipse Web Site）

http://eclipse.gsfc.nasa.gov

國家地理學會（National Geographic Society）

www.kids.nationalgeographic.com

他們的網站上有活動、遊戲、故事和其他資訊。國家地理學會為 6 至 14 歲的孩子出版《國家地理雜誌兒童版》（National Geographic Kids）雜誌。

羅傑托瑞彼德森自然歷史協會（Roger Tory Peterson Institute of Natural History）

www.rtpi.org

有適合所有年齡層的自然與文學課程。

全球瓦爾登（World Wide Waldens）

www.worldwidewaldens.org

讓學童參與其居住區域的環境活動。

索引

克萊兒・沃克・萊斯利其他著作

《古凱爾特節慶與今日慶祝活動》The Ancient Celtic Festivals and How We Celebrate Them Today／Inner Traditions、2000 年

《戶外寫生藝術》The Art of Field Sketching／Kendall/Hunt Publishing、1995 年

《跟隨克萊兒沃克萊斯利的自然日誌走入大自然》Drawn to Nature Through the Journals of Clare Walker Leslie／Storey Publishing、2005 年

《自然日誌寫法》Keeping a Nature Journal／Storey Publishing、2003 年

《一年四季的自然》Nature All Year Long／Kendall/Hunt Publishing、2002 年

《自然寫生：學習工具》Nature Drawing: A Tool for Learning／Kendall/Hunt Publishing、1995 年

《自然日誌：指導手冊》Nature Journal: A Guided Journal／Storey Publishing、2004 年

其他你會喜歡的課外讀物

《駕著太陽去追風》Catch the Wind, Harness the Sun／麥可・J・卡杜托
超過 20 種有關再生能源的精彩活動與實驗。
224 頁、平裝 ISBN 978-1-60342-794-4、精裝 978-7-60342-971-9

《家庭蝴蝶書》The Family Butterfly Book／瑞克・米庫拉
為了頌揚北美洲 40 種最受喜愛的蝴蝶而設計的計畫、活動與簡介。
176 頁、平裝 ISBN 978-1-58017-292-9、精裝 ISBN 978-1-58017-335-3

《自然日誌寫法》Keeping a Nature Journal／克萊兒・沃克・萊斯利與查爾斯・E・羅斯
捕捉每個季節當下之美的簡單方法。
224 頁、平裝含小翻頁 ISBN 978-1-58017-493-0

《蝴蝶生命週期》The Life Cycles of Butterflies／茱蒂・布里斯與韋恩・理察斯
富有圖片的視覺指南，介紹 23 種常見的後院蝴蝶從卵到成熟的過程。贏得 2007 年教師評選最佳童書！
160 頁、平裝 ISBN 978-1-58017-617-0、精裝附書衣 ISBN 978-1-58017-618-7

《自然藝術箱》Nature's Art Box／蘿拉・C・馬汀
為具有巧思的孩子設計可以運用自然材料的酷炫活動。
224 頁、平裝 ISBN 978-1-58017-490-9

《後院蟲子的祕密生活》The Secret Lives of Backyard Bugs／茱蒂・布里斯與韋恩・理察斯
以獨一無二的視角看待奇妙的蝴蝶、蛾、蜘蛛、蜻蜓和其他昆蟲。
136 頁、平裝 ISBN 978-1-60342-563-6

親子田系列020

孩子的自然觀察筆記

The Nature Connection : An Outdoor Workbook for Kids,
Families, and Classrooms

作　　　者	克萊兒・沃克・萊斯利（Clare Walker Leslie）
譯　　　者	洪慈敏
總 編 輯	何玉美
副總編輯	李嫈婷
主　　編	陳鳳如
封面設計	東喜設計
內文排版	菩薩蠻數位文化有限公司

出版發行	采實文化事業股份有限公司
行銷企劃	黃文慧・陳詩婷・鍾惠鈞
業務經理	林詩富
業務發行	楊筱薔・鍾承達・張世明
會計行政	王雅蕙・李韶婉
法律顧問	第一國際法律事務所 余淑杏律師
電子信箱	acme@acmebook.com.tw
采實粉絲團	http://www.facebook.com/acmebook

Ｉ Ｓ Ｂ Ｎ	978-986-93319-9-9
定　　價	399元
初版一刷	2016年9月
劃撥帳號	50148859
劃撥戶名	采實文化事業股份有限公司
	104台北市中山區建國北路二段92號9樓
	電話：(02)2518-5198
	傳真：(02)2518-2098

國家圖書館出版品預行編目 (CIP) 資料

我的自然筆記 / 克萊兒・沃克・萊斯利 (Clare Walker Leslie) 著；洪慈敏譯 .
-- 初版 . -- 臺北市 : 采實文化 , 2016.09
　面；　公分 -- (親子田系列 ; 20)
譯自 : The nature connection : an outdoor workbook for kids, families, and classrooms
ISBN 978-986-93319-9-9(平裝)

1. 自然史　　2. 通俗作品

300.8　　　　　　　　　　　　　　　　　　　　　　　105014911